60計畫，蓋一棟退休幸福宅

60歳で家を建てる

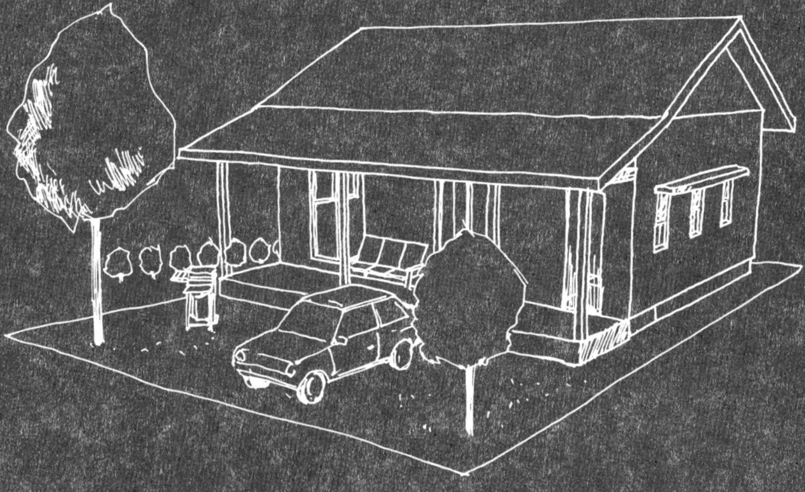

HOUSE

目錄

第3章 歡迎光臨！對60歲來說剛剛好的「60 幸福宅」

第4章 關於60 幸福宅的舒適選擇與外觀結構

第5章 建築師教你蓋好房子訣竅

第6章 真的要蓋一棟房子有哪些工作

第7章　品嘗人生的醍醐味

前言

在整理倉庫時，翻出以前的舊照片，我一頁一頁地翻著，年幼的我頂著西瓜皮，穿著深藍色西裝外套與短褲，手裡抱著千歲飴（譯註1），當時因為七五三節（譯註2）的關係，所以才盛裝打扮的照了相。

直挺挺站在我旁邊的是我的爺爺。給人沉默寡言，凡事認真以待印象的祖父，從年輕離開老家後就開始經營五金行，因為手巧而備受街坊好評，記憶中還曾被託付製作小田原城的模型呢。

爺爺十分喜歡冰糖，每當工作結束時就從玻璃瓶中拿出一顆，津津有味地舔著。當時55歲的他，對我來說是滿是皺紋且偉大的存在，我那時候常想著，當自己50歲的時候，大概也會變成這個樣子吧！但是，現在明明已經將近60歲，卻沒有上了年紀的感覺，就像是無論多少次變身都不會改變的英雄一般。除了偶爾會腰痛，但跑半馬的程度還是可以辦到；每年秋天，當楓葉盛開之時，還能騎自行車到信州的乘鞍岳賞楓呢！

周遭的同輩們身體也不差，能像三十歲一般的活蹦亂跳。每週登百岳的、去夏威夷進修瑜伽的、穿著Uniqlo和女兒走在一起就像夫婦般的，果然現在大家都是這樣的啊，何時才會變成像是當年那個滿是皺紋愛吃冰糖的爺爺呢？我想在現今這個時代，大概是80歲左右吧！

現在50歲到60歲前半的人（包含我）是在美國文化全盛的七〇年代（1970）度過青春期，是強烈追求自我生活的世代，因此不會如此容易成為老爺爺，當我們迎接退休時，也應該對於家的樣貌有新的看法。

「適合自己的家是怎樣的呢？」

「60歲時真的想要住的房子是怎樣的呢？」

「想要更正面積極地享受人生？」

思考這些之後，就會萌生不是為了打造老後生活的家，而是打造「合乎自己、為自己而生的家」的欲望。說到這個，就會想到美國的電影常出現的簡約平房，所謂「60幸福宅」的家，並不只是為了老後生活方便而已，而是能積極享受人生，即使是自己的房子也能有度假感的家。

對於還不到被稱呼老人的「阿伯們」，肯定也有同樣的想法吧！而在蓋房子的設計當中也包含了豐富人生的提示。

50歲起就開始思考如何在適合自己的家中，更有趣、舒適地邁向第二人生吧！

譯註1：是日本在七五三節的時候，父母為了祝自己家的小孩兒長壽而給他們吃的一種糖。

譯註2：這是日本獨特的節日。幼童到了3歲（男女童）、5歲（男孩）、7歲（女孩）於每年的11月15日（明治維新前是農曆11月15日）去神社參拜，感謝神祇保佑之恩，並祈祝兒童能健康成長。

第1章

60歲正是考慮適合自己住居的時候

HOUSE

自我介紹

我在神奈川小田原市經營設計個人住宅為主，名叫 Atelier SHIGE 的建築設計事務所，到現在已將近23年。為了打造理想生活的家，做著和客戶一起討論、提案，幫忙他們將夢想實現的工作。

Atelier SHIGE 最得意的就是「度假屋」、「有如生活在度假村享受悠閒的家」這樣我獨創概念的項目。

「即使一週只有一天的休假，卻能感受如同在南方島嶼的一天。」

「下雨天的週末，聚集的家族成員們即使計畫被打亂，也能趁機改為親子交流時間。」

像這樣開放式的空間提案是我們所擅長的。

而所謂「悠閒時刻」就是指時間緩慢的流動，身心也能感到放鬆，即使什麼也沒做，心中也十分喜悅。在泡澡的時候、曬棉被的時候，不經意地哼著歌，想著如何打造新家。

我們會從業主的興趣、小孩的話題等等開始聊起，雖然看似隨意聊天、不著邊際，但在言談之間，家的樣貌就會漸漸出現了。即使沒有寬闊的土地、四周還被鄰居住宅團團圍住，但憑藉設計還是能想出辦法。

和業主這樣討論完成的家，滿溢其個人性格：有可以繞圈圈玩抓鬼遊戲的家、有高爾夫設備的家，更誇張的是之前還做過可以和外星人聯繫的家呢！

將個人想法融入的還有將印尼峇里島的別墅結合日本風土的家。在這個住宅中，居住範圍分別為單層平房與兩層樓房，兩棟建物之間配置玄關，作為公共區域ＬＤＫ（譯註1）使用的平房，以開放式空間呈現，因為一併設置用水區域，家事動線簡單且使用輕鬆。而在庭園裡還裝有架高亭子，有如公園涼亭的設施，這是為了在戶外也能享受午睡而設計，被南國植物所環繞的庭園，以及到外面的大門，也用峇里島風打造。會想這麼做的原因是夫婦倆的新婚旅行就是在峇里島，因此希望日後能一直以新婚的氣氛快樂地生活下去。

我因為設計而得到的笑容，直到今天都是每日的糧食。

譯註1：ＬＤＫ：客廳、餐廳、廚房

我們不是老人

「Around 40（40歲前後）」「Around 50（50歲前後）」接下來就是「Around 60（60歲前後）」了，也就是要過了一甲子（60年）的意思。

我今年11月滿52歲（編按：2016年），再三年就55歲，四捨五入也是60歲了呢，真是的，竟然已經到了昭和時期（1926～1989）法定規定的退休年齡。

有天，對於偶然看的動畫《海螺小姐》中的波平年紀十分好奇，在網路上打上「波平」兩字，就自動搜尋出「波平 年齡」，果然大家對於他的年紀也十分好奇啊！在劇組的官網上表示，磯野波平的興趣是圍棋、園藝、釣魚、俳句、收集古董。然而穿著與本身威風凜凜氣質十分般配的和服，他的年齡想來應該是60歲左右，但……竟然是54歲。果然時代不同，就沒有同輩的感覺啊！

說來1964年生的我，是屬於「新人類世代（譯註1）」。從差不多高中生開始就想多探觸未知的世界，是喜歡閱讀「大力水手（譯註2）」、「Hot-Dog PRESS（譯註3）」的年代。在報導美國西岸文化和資訊的雜誌裡，滿是流行多樣的雜貨和從來沒有見過的生活時尚，十分令人欽羨。因此只要到了假日，我常會出沒於涉谷、原宿一帶，流連於雜誌所介紹的店家，到學校之後才發現原來同儕的大家都是一樣的行程啊！

而進入社會後，因為嚮望美國西岸而前往鎌倉（譯註4），路上滿是馬自達紅色family，奇特的是這些人們即使不下海，車頂卻一定要載著衝浪板在公路上奔馳著。

正是因為生長在這樣個人意識抬頭的世代，所以現在雖然被叫做阿伯、歐吉桑是無可奈何，但再不到十年就要被稱作老人或高齡長者，實在覺得不太對勁，那是因為到現在仍然覺得自己是個「大小孩」吧……

我想我們這些人即使到了60歲，但實際上離平均壽命卻還有20年以上……因為趕時髦而有著行動力，經歷過泡沫經濟的新人類世代、老人的預備軍，應該是想著：就這樣默默的枯萎很可惜，想要有趣過著接下來的第二人生！

為了達成這樣的想法，我想開始起身整理生活周遭與環境是必要的。

抱著這樣的心情而有了「60歲蓋自己的房子」的想法，從60歲開始，一邊期待一邊打造全新人生的家，而且是當自己覺得上了年紀時也能適合自己的家。

譯註1：日本1980年代的流行語，形容當時年輕人有著與別於以往的價值觀和行為。
譯註2：是美國的漫畫及漫畫人物，大力水手出現於1929年1月17日的美國《Thimble Theatre》連環漫畫，創造人是來自美國伊利諾州徹斯特鎮的連環漫畫家E．C．西格，大力水手漫畫甫一問世即大受歡迎，甚至在當地出現食用菠菜的熱潮。
譯註3：以前的日本流行雜誌，以年輕男性為主，由講談社於1979年創刊。
譯註4：鎌倉的湘南海岸是日本有名的衝浪天堂，1980年代，日本年輕人嚮往美國西岸的自由風情，因此來到與其相似的鎌倉海邊找尋夢想。

60歲要過怎樣的生活？這才是問題！

我曾經向60世代的M夫婦請教，當60歲來臨時是什麼感覺？

「一直以來都是為了父母與家族匆忙地生活著，在60歲退休之後就想要只為了自己過著輕鬆且充實的生活。」開始享受遊輪旅行和欣賞戲劇與歌舞伎生活的M夫婦這麼說道。然而，應該如夢一般的「輕鬆生活」，他們大約兩年就感到厭倦了。

而這不只是M夫婦，我大多數的業主都有相同的想法。因此我想退休後能有著良好狀態的祕訣在於：不用像工作時那般忙碌，但也有著小小的匆忙感，所謂退休後的「悠閒」，其實就像是放「長長的暑假」一般吧。因此所謂的退休反過來也能說是「像大學生的暑期班有著相當程度的自由吧」。

一直以來我們總有許多藉口：因為經濟的關係、忙碌的工作、辛苦的養育小孩、因為種種理由而無法去做等等，原因層出不窮。不過，今天「做不到」這樣的理由已經不存在了，是該嘗試做些改變了。

事實上，在我自己身邊就有那種讓人感到光彩奪目的前輩，他們早早從大企業退休，轉而到之前就有興趣，但和自身經驗不相關的新創企業中當志工，像是有著什麼目的般的生活著，他們的積極也充分感染身邊的人，為大家帶來歡樂。

而除此之外，我們比起20幾歲時，60歲有更多可以使用的預算，並且具備有效正確使用知識與經驗的能力，也卸除了教育、養育孩子的責任。現在這樣的難得的自由就在我們眼前，對於將來要過怎樣的生活，再一次想像吧！

60歲正是考慮適合自己住居的時候

現在有些大企業的退休年齡定為65歲，60歲還是幹勁十足工作的年紀，雖然六十耳順這樣的概念漸漸淡薄，現在只感覺是一個過程而已，然而以人生能活80歲來思考，接下來的20年，60歲其實是人生最後階段的重要起跑點。

大部人都晚婚的現在，即使到了60歲，小孩仍然還是大學生左右，可能還是努力賺孩子學費之時；而假設你在30歲前後就能生子，小孩現在大概也開始就職、結婚了吧；而如果你單身的話，往後的人生要和年邁的雙親一起生活，或是一個人住？我想現在正是需要認真考慮的時候了。

首先，如果小孩已經成家立業，我想大房子也就不需要了吧。

人們本來就是跟著本身家庭環境、智商、體力等變化，改變其生活方式，我想人生本來就充滿互相妥協這件事吧。

人生就像是容器，家的形式不是總一成不變。

日本人在學生時代住在便宜的公寓，結婚之後就搬到較寬敞的租賃公寓，然後接著買房子，並將這裡當作最後的住居，然而這其實是不太可能的：經過30年歷史軌跡的房子，也該是增建與維修費用大量支出的時候了吧？

現在的家還適合自己嗎？

沒有想要住的地方嗎？

如果是以上班通勤為前提買的房子，退休之後應該就沒有被束縛的必要了吧！現在的話可以像遊牧民族一般，住在哪都可以，做什麼都可以，享受自由的醍醐味，以自己為主了。嘿～如果這樣的話，從此之後的人生該如何掌舵呢？

如果有1千萬日圓的話就蓋一層平房吧

以往在60歲退休的人，一退休就會做的事其中之一就是改造自己的房子。而現在因為規定65歲退休的公司增加，這件事變得不再那麼絕對，但60世代有改造或是翻新房子的需求是肯定的。

也因為60世代的人們有所謂的退休金，我總會建議他們：趁著有錢且身強體健的時候，將人生最後的住居從水路管線為中心整頓一番吧！

然而「因為收到1千萬日元，打算運用它來裝修房子，最後卻花了2千萬。」這樣的事常常發生。

原因可以從兩方面來討論：一種是工程開始時，為了內部的整修，而將牆壁和天花板也一併拆除，這時建物可能會有超出預期的受損；再來在意外的場所發現遭受白蟻的侵蝕（印象中地基容易被侵害，而牠們長了翅膀後，二樓的柱子也有被食害的可能）、浴室洗手間的縫隙漏水導致地基腐壞等，為了更換設備而產生追加費用。當然，雖然這些情況在估價時會從天花板和地上的檢查孔觀看，可掌握一定的腐朽狀況，但身體進不去狹小的場所則沒辦法百分百確認，因此我們也會對業主事前說明因應實際狀況可能需要增加預算，並一邊與業主確認狀況，一邊進行；但如果發生地基下陷這樣嚴重的狀況，預算也可能大幅度增加。

另一種原因是「欲望」出現的時候。舊屋翻新和新成屋不同的是，業主住在裡面一邊進行工程。家裡時時刻刻的變化都看在眼裡，因此這個那個、各式各樣的想像一併出籠。結果，像是要說「反正都要換新的」似的，升等成在樣品屋看中的「使用無垢材，並貼上大理石門片的廚房」。馬桶也是，想像著坐上之前連見都沒見過，有著聲音、香氣、燈光的免治馬桶的自己，就決定買了！在心裡覺得這些僅需要付極小的差額，但實際上加上運費、安裝費、消費稅等等，最後遠比想像中的金額還多，當發現的時候已經變成2千萬日元了。

再來，如果是重建的話，是用重型機具將現有住宅一口氣拆除；然而翻新卻是將現在的家的一部份拆解，十分費事，因此價格更高。而且因為樑柱支撐著二樓與屋頂，在翻新的工程中基本上無從下手，也因此隔間變更的可能性也降低。師傅也因為在每間房一邊移動材料與道具一邊工作，效率低而使得工作天數增加，工資也因此需要增加。最後因為這樣、那樣的原因，只花個1千萬日元其實也無法滿足。這就是所謂舊屋翻新的恐怖之處。

一般來說將占地面積30坪的土地蓋上兩層樓住宅的話，拆除與重建及搬家的費用至少得花上2千萬日元。這已經超過我們的想像，我們這裡所煩惱的就是1千萬～2千萬日元的空白價格帶。

舊屋翻新誠如剛剛所說，以1千萬日元坐收，滿足度是極低的，而追求滿足度，重建的話，預算以2千萬日元起跳，令人無法負擔，最後妥協的結果就變成為接近2千萬元的「中滿足」舊屋翻新坐收。

但如果有「用1千萬～1千5百萬日元建造小而美的家」這樣的選項的話，在60歲蓋這樣的新房子不就更好了嗎？告訴你，如果是簡單的平房，這是可能的！

但若你是新房子比以前的家小就不行，或是因為建築基準法（譯註1）規定不能改建的狀況，當然只好採用翻新或是改造的方式。但如果土地沒有受限的話，你還有建造小而美的新屋這樣的選擇。

如果將「家」以書本來舉例的話，就像是立定人生章節一般。是打算就這樣走向最終章？或者是開啟新的「第3章」，對想完成的夢想拍打著翅膀？

要是我的話，會選擇就算有點小冒險，也想打造專屬的最佳基地，盡可能建造符合自我人生，擁有「我的尺寸」的家吧！

譯註1：建築基準法：日本建築建造的對應法規。

小車與平價住宅的共通點

說到1千萬日元的家，有人對於：「為了減低成本，要從哪裡省起好呢？」有所疑惑。這個時候我常會用小車與高級車作為例子，就能被大家理解。

以前我曾有一段時間開路華（Rover，譯註1）所生產的Mini，雖然總是漏水又常常引擎故障，但卻為我製造了許多美好回憶。自此之後，就開始偏愛可愛的小車，現在則是開2012年產，名為「FIAT 500」的小車。

近幾年的小車發展驚人，拿來與30年前的Mini相比還真的是有點失禮呢。引擎的靜音性能與高速行駛的安定性等等，和大型車相比不僅有贏面，行駛、停車等基本性能，若在市區街道上駕駛的話也絲毫不遜色。安全方面，有標準的安全氣囊與防鎖死煞車系統，最近標準配備裝載自動剎車系統的輕型車也漸漸增加，如果還有人說「小車＝便宜」那真的是不知道多久以前的事了。

這樣的事也在住宅領域間發生。最近，我注意到在災害新聞裡，新蓋住宅倒塌的狀況幾乎沒有看過，最多就是建於崖上的房子，直接隨著土石崩落。

不管怎麼說現在的房子，即便是建商蓋的平價住宅，在耐震、耐久與斷熱性能上都十分優越，也因為現代蓋房有遵守建築基準法的義務，不論是 Sick house（譯註２）對策或是24小時換氣設備（譯註３），都已經和30年前的房子有著極大的不同。

如果你住在自己父母時代建造的老房子的話，在新成屋所能得到的好處，不僅是安心、安全，更包括健康方面等數不盡的優點。

譯註１：是一家英國汽車製造商，總部位於英格蘭伯明罕，創立於１８７８年，是荒原路華的前身。１９６８年為英國最大汽車公司公營的英國禮蘭汽車公司（British Leyland）的品牌之一。Rover 在１９９４年時被ＢＭＷ購併。

譯註２：因為新成屋或重新裝潢入住後，而讓人感到疲倦、暈眩、頭痛、喉嚨痛、呼吸器官疼痛等身體不適症狀的房子。

譯註３：日本建築基準法針對 sick house 症候群所制定的規範，一般住宅內強制安裝24小時的換氣設備。

即使平價住宅也十分堅固的理由

現在的日本住宅，因為建築基準法的反覆修正，而變得十分堅固。

要蓋新房子時，如果沒有向特定行政廳（譯註1）與民間確認機關遞出建築申請，並收到核准證件之前是不能建造房子的。

30年前只要一張申請書和幾張圖片等書面資料就結束，現在為了防止錯誤發生，必須繳上數十張申請書，並附上十數張圖片，而且比起以前更仔細審查內容，並有著嚴格的申請程序。

既然特別製作了考慮強度與耐久性的設計圖片和說明書，到了現場，卻因偷工減料而出錯，就失去製作的意義了。因此當工程開始，承包的建築公司就會開始進行現場監工。建築公司和沒有利害關係的監工、民間確認機關等等，到建築現場檢查，並且進行二次、三次重覆的確認。

在日本，建築公司在交屋後的10年內就有「瑕疵擔保責任」，對於漏水、傾斜等等問題，有負責修繕的義務，如果因為偷工減料，公司可能需要付出龐大的損失，也因此最近建築工地大多徹底遵守法令。

因此完工的房子，與30年前相比，無論風雨大小、地震是強大或緩和；建商住宅也好，平價住宅也罷，都是同樣的堅固。

譯註1：特定行政廳為日本負責建築相關事務的地方行政機關。

為了60歲所蓋的平房住宅「60幸福宅」

我和同世代擁有新感覺的人在60歲的時候，想要生活在能讓心靈富裕、使用起來方便，有點時尚又愉快的地方，這是一個怎麼樣的家呢？

這時「啪的」一瞬間浮出有如電影般的畫面：像是在美國地方都市郊外的簡樸房子。家家戶戶用低緩的圍牆或木格柵區隔，有著青綠茂密的廣闊草坪前院、還有白色外牆與陽台，簡單的斜屋頂平房。

然而，什麼才是屬於日本新興60世代的新設計？下方是我當念頭一起，隨筆畫的草圖。這是一間能凝聚好質感的人生並藏有可能性，簡單卻小而美的平房住宅。雖然是平價住宅，卻沒有廉價感，還帶點時髦的房子。

因為預想居住人數為1至2人，空間的部分小巧即可。面積為70平方公尺左右，像是以往農家住宅一般，沒有走廊而以田字隔間（譯註1），依照土地條件可以改變適合的入口與有可移動的牆壁，具有著柔軟的變通性。

而一邊天馬行空的幻想，一邊熱衷於「60歲時在充滿人生的（　）的家中增添幸福吧！」的我，把這樣的平房命名為「60幸福宅」。

譯註1：田字隔間：如同田字一般，主要將室內分為四個區塊的隔間方式。

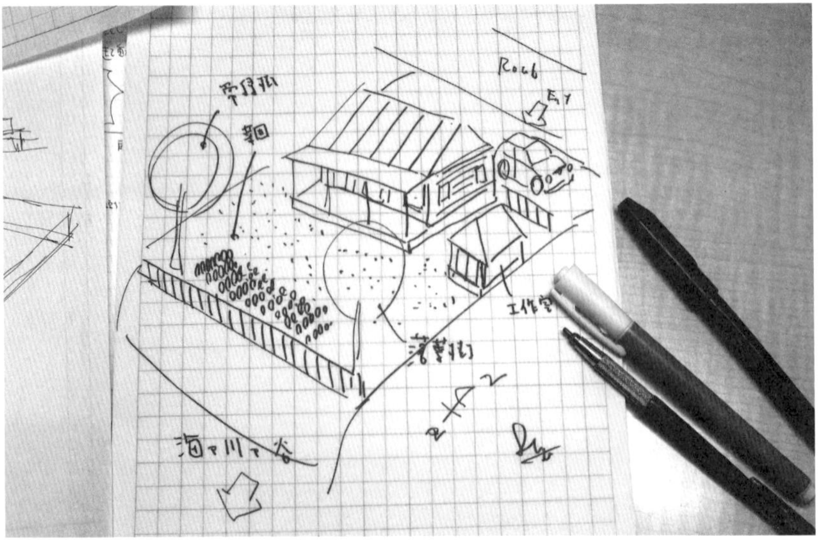

生活便利的平房

我從32歲蓋了自己的房子後就開始考慮著，將來等兒女們成家立業，家中回到只剩夫婦兩人時，打算要搬到平房裡住。

本來機能性優越的平房就才是住宅主流，例如像是那些可能被指定為文化財般的鄉下農家住宅。

但從昭和30年代（譯註1）起經濟開始高度成長，第二次、第三次產業的興盛，人們開始往都心的平地移動，並在狹小的土地上密集蓋起房子。

土地價格也因此高漲，如果在1百平方公尺（約30坪）的土地上蓋平房，需要高額的土地費用，對於一般上班族來說是絕對付不起的。而合理的解決方法就是蓋兩層住宅，將平房的一半往上疊，土地就少了一半。也因此與高漲的房價一起，兩層住宅不久也成為日本的標準。

就此經過半世紀，因為超高齡化而人口稀少，鄉下的地價和房數下降，現在又再次回到建造平房的時機了呢！

如果是平房的話，不僅安裝無障礙設施方便，有著適合高齡者生活的印象，在居住舒適度方面，也推薦給各個年齡層：首先，因為沒有樓梯，動線簡單且移動便利，打掃、曬衣服等也不用爬上爬下，也就是說，做家事也變得輕鬆。不光只是這樣，簡單構造的平房，還具有對抗地震與颱風的能耐，維修也方便。

再者，總面積雖然比兩層、三層住宅狹小，但只看單層，擁有寬廣的開闊感受還是平房啊。將客廳置於房屋中心，家人交流的機會自然變多，也是意外的優點。

除此之外，回頭想想，平房無論是做為30世代時養育子女的基地也好，高齡者生活便利的最後住居也罷，不都十分吻合嗎。

譯註1：日本昭和天皇在位時所使用的年號，使用時間為1926年12月25日至1989年1月7日。

平房的缺點

雖然我嚮往在平房生活，前述一直強力的推薦給大家，但關於它的缺點我還是有事先經過了解的。

第一，關於建地的選擇，平房有需要一定程度寬廣的土地，建築物當然不用說，房子外面也需要有寬闊的空間，無論是庭院或是陽台都好，如果缺少這樣的空間，就無法擁有良好的採光；和鄰居太近也會產生無法保護個人隱私的問題。因此，在都會住宅密集的狹小土地上，想要建造平房的話我是不太推薦的。

而建築費用如果以施工面積來比較的話，平房則稍微貴了一點。但如果與兩層樓住宅相比的話，基礎工程與屋頂以單純倍數計算，建築費用當然是比較高，但其實建築費用並不一定會需要到倍數的頂端，因為平房沒有階梯、隔間小而美、也不需要二樓的水道區域，扣掉這些其實也有壓低價格的空間。

再者，關於個人隱私部分，有十足的防範對策絕對是必要的，我在第4章將有詳細解說，會告訴大家如何在平房的外部結構下功夫，以解決外部的視線干擾與闖空門的可能性。

【平房的優點】

- 只要在平面移動，做家事很輕鬆。
- 面對一般的地震耐震強（因為沒有二樓，減少重量負擔）。
- 天花板可以比較高（因為沒有二樓，因此可打造更愉快的空間）。
- 自己也能維修（導水管阻塞等等，如果有梯子的話就能自己處理）。
- 可以積極的ＤＩＹ（自己也能塗刷屋頂與外牆）。
- 寵物也能輕鬆生活（因為沒有樓梯，寵物不會腰痛）。
- 輪椅等移動方便（對於在旁照顧的看護等等也較輕鬆）。
- 對於太陽能發電有利（因為屋頂面積廣，可以設置多個太陽能板）。
- 對於雨水利用有利（寬廣的屋頂可儲存更多雨水）。
- 有效對抗強風（因為沒有二樓，受風面積減少）。
- 發生緊急事故時，可迅速避難（因為全室皆在一樓可在短時間脫困）。

【平房的缺點】

- 不適合建在狹小的土地上（比起兩層樓住宅，接地面增加）。
- 就寢時的安全性（因為住在一樓，有事發生時防備力較弱）。
- 建築費用較高（屋頂和基礎工程的面積翻倍）。
- 土地運用效果不佳（在地價高的地方，資產活用的效果有限）。

60歲蓋自己的房子，人生也跟著改變

1 改變生活方式的機會

雖然現在已經不太常聽到，但以前女生在失戀時似乎有將長髮剪短這樣的儀式（？），希望能「喀擦」忘掉和深愛著的他分手的回憶，也有著當自身想要改變的同時，將心念一轉就能重啟開關的意思存在。

這麼說來，當目前的環境改變，心情也會跟著變化，更何況是容納自己的家或住所整個變動，自己的行動當然也會隨著改變。當更換住所時我建議可以和不需要的物品道別，如果住所是小而美的形式，接著可以嘗試使用新穎輕巧的事物讓環境自然的調整。

2 不造成家中的負資產

父母為子女考慮，努力準備資產（房子）的價值正在崩壞。這是因為人口減少、經濟成長趨緩使得國力下降，土地過多、薪水減少、建築物腐朽、空屋也年年增加的關係。

而且即使空屋不使用也需要除草，每年也非得繳納固定資產稅（譯註1）不可，更何況現在固定資產稅的稅率年年增加，更對家計造成壓迫。

這告訴我們，閒置的空屋可沒有一件好事啊！60世代的人應趁著還身心健康、思維敏捷，把握處理可能變成負資產空屋的最佳時機！我想如果有經過整理的話，順利地處理掉應該不是太困難吧！

如果將其換成小巧、使用便利的房子，我想以後無論是出租或出售都有機會；把現在的家和土地賣掉，在景緻優美的地方建造新宅，將來孩子們還能將它成別墅使用呢。

3 可以向兒女們清楚表示自我意見

60歲過後想要蓋房子，可能會聽到「都什麼時候了，現在要蓋房子！？」這樣的話，受到孩子強烈的反對；而如果你還想要跟銀行貸款的話，更是會被全力抵抗到底。

但是不妨這樣想：這是將負財產和堆疊於家中不需要的物品一口氣清理的時候，孩子們也不會捲入沒有意義的遺產爭奪之中（也沒有遺產繼承這樣麻煩的事），兒女們應該也能同意吧。

趁著這個機會，也可將原本避談的遺言與繼承等話題攤開來說，蓋房子這件事或許也能成為父母帶給孩子的最後教育也不一定。

另一方面，即使父母60歲但兒女們還沒有獨立的狀況也很多，當遭遇挫折時，他們會想著「回到老家自己的房間就好啦」，可能會有這樣沒有人生目標的念頭。這時候還留著兒女們的房間，實際上可能妨礙了他們的獨立也不一定。

「回家也沒有你的房間，我們要邁向第二個人生了喲！」蓋房子也是默默向孩子表達了這樣的意思。

4　變得健康！問題也減少了

原本你是住在30年以上的老舊木造住宅的話，將因蓋房子而變得健康。

現在即使是建商蓋普通的住宅，建築本體的斷熱性能也十分優良，降低室內溫度差，也減少因寒冷冬天而引起的心肌梗塞、腦中風的可能性。而只有一層樓的平房更是能有效率的讓室內暖和。再來，如果是智慧型數位住宅的話，還能夠防止因忘記關火而引起的火災，若在設計與設備下功夫的話就更能全面防範，並能防止外部而來不必要的麻煩。

5　對抗災害的能力增加

雖然在東日本大地震時災害多是因海嘯而引起，但因地震而倒塌的卻全是屋齡30年以上的房子。現在的住宅，即便只是按照建築基準法建造，也已達到就算發生數百年一次程度的大地震也不會倒塌、崩壞的程度（耐震等級1，譯註2）。

雖然將房子改造，也有能提高耐震性的方法，但事實上就算做了基礎與牆壁的補強，也無法到達耐震等級1的程度。

再來近幾年來房屋常遭受被稱為「爆彈低氣壓（譯註3）」的強風侵襲，常有老舊屋頂被強風吹走的事發生；而以前的房子更是只有一層薄玻璃窗，輕易就能被天外飛來之物擊碎，現在的鋁門窗因為使用雙層玻璃，則增加了一定程度的抗壓性，再加上如果有防火窗，即使鄰宅起火，也能爭取逃跑的時間。

還有一樓的地面高度也是，因為比以前的基準再往上了40～60公分，當河川堤防潰堤淹水時，也多少增加了抵抗能力。

6 光想就覺得正面積極

不可思議的是，光是想像60歲蓋房子這件事，就莫名感受到正面積極的能量。

「嘗試住在鄉下，蓋一個小而美的家。因為有寬廣的庭院，也可以打造家庭菜園看看……」像這樣自然而然描繪憧憬的生活方式；或是「如果家裡變小，不要的東西也非處理不可了」

這樣下起決心，無意中「終活（譯註４）」也可能因此就此展開。

趁著腦中浮現「想要做的事」、「不做不行的事」時，做吧！即使不到蓋房子的程度，但能發現這些事，也是種意外的幸福呢。

譯註１：在日本主要是針對房屋、土地等不動產的徵稅。
譯註２：和日本建築基準法同等耐震度。
譯註３：日本媒體用語，主要指強勁溫帶氣旋。
譯註４：日本流行語，指為迎接人生終老而準備進行的活動。

理想從50歲開始規劃

將現在的房子拆除，建造小而美的家，最少需要7個月的時間。考慮隔間、估價、申請建照等等需要3～6個月，搬家至暫住處半個月，拆除半個月～1個月，新屋工程3～4個月，交屋、搬家、入住、外部工程半個月，一眨眼之間重要的一年就過去了。

比起慌慌張張的考慮，在還沒開始之前就做計畫絕對是不會錯的。所謂人生是由「誕生」、「七五三」、「入學」、「就職」、「結婚」、「住所」、「死亡」這些大事件所聚集而成，而其中需要特別計畫就屬「住所」了。為此，從50歲左右就開始盡可能的想像「60歲以後想如何過生活呢？」是絕對必要的。

關鍵在於考慮：如何順利地、愉快地、緩慢地從人生下莊。現在是為了迎向人生的最終章，連「最後筆記（譯註1）」都有在販賣的年代。而人生60歲到80歲最後的這20年，我希望能夠住在「正因自己蓋了房子才得以快樂地生活」的家。

此外，對我來說，在通勤回家的電車上思考，並在筆記本後面的 memo 欄寫上「蓋房子之後能更幸福生活的10個理由」也十分開心。

現在你如果是60歲世代的話，應該能更實際的體會自己的心境變化吧，問問自己內心好好考慮，然後帶著到85歲、90歲也能快樂生活的想像，嘗試打造自己的家吧。

譯註1：高齡者為了迎向人生最終章，而將自己的願望書寫下來的筆記。

美軍住宅裡的老婦人

我在想像「60幸福宅」的同時，腦中也浮現了符合氛圍與居住者生活想像的地方。從24頁的草圖你們可能也多少知道了吧？那就是第二次世界大戰後，在美軍基地附近為了美國人所蓋的房子，通稱「美軍住宅」。

從西武池袋線的入間市車站走20分鐘，像是美國郊區般的街道突入眼簾，這個叫做「Johnson Town（強森鎮）」的地方，以前是陸軍航空士官學校。大戰結束那年，進駐軍接收士官學校，隔年成立「美軍強森基地」。1950年，韓戰爆發，急需軍人住宅，因此在基地周邊建造數百棟的美軍住宅，而當基地歸還之後，只剩下24棟住有軍人，此後更以美軍住宅為中心建造街道。

老朽的60年建築物，雖然修復過卻仍留著當年的樣貌和味道，這樣獨特的空間，受到年輕情侶、藝術家、設計師、咖啡店老闆等人的青睞而決定移住到這裡，現在已經成為有著一百三十個家庭居住的大城鎮。

大片的土地和鄰地之間沒有圍牆，矗立著有著三角屋頂與白色橫條板牆的平房。在這裡有著其他地方享受不到、獨一無二的氛圍——能在一望無際的視野中度過悠閒的時光，而這是只有在自由的國度才能感受的到。

在神奈川縣座間市的美軍基地，通稱為「座間基地」的周邊也有類似這樣的美軍住宅。

住在那邊美軍住宅的老婦人，來找我討論關於房子想要改造的問題。

之前她和任職美軍軍官的丈夫一起移住西雅圖；當丈夫過世後她回到日本，現在就只有她一個人住在那裡。

從玄關進入之後，約30坪的開放式空間十分寬廣，直到建築物底端都能望盡，可說就像將一樓的倉庫改建成住家一般。有角度的屋頂令天花挑高，在屋內到處可見的觀賞植物則兼具隔間的作用，溫暖陽光灑落在日光玻璃屋中，斜照在老婦人身上。她一邊踩著輕鬆的步伐，一邊泡著咖啡，並說著：「現在腳和腰都不好了，這樣的平房實在是相當便利」。

而這次老婦人來找我的目的是：「這裡一個人住實在有點太空曠了，希望可以生活在更小而美的空間。」

考慮到冷暖氣費用、打掃、維護、個人隱私等等，我認為設計隔間是解決的方法。我的提案是將空間分為三個部分：一整天最常待的ＬＤＫ、可以溫暖休息的臥室、放置關於丈夫的回憶物品與收納衣物的房間。將空間精簡分配，並將日常生活空間的規模縮小，我覺得對於「一個人生活」是十分重要的。

由於老婦人的品味出眾，也讓這間房子的開放空間與整體氛圍受更增添魅力，我想關於60幸福宅，從這個時候起就投射在我心中了吧。

圖片提供＿ Johnson town http://johnson-town.com/

第2章

60歲以後的家與思考新的生活方式

HOUSE

試著以B的視角自由想像

在工作空閒的時候，突然想要「發現潛藏於日常沒注意的事物」，而開始展開名為「B」休假的旅行。

例如「路邊餐館之旅」：探訪因為便利商店的進駐而衰退的鄉下路邊餐館；在這裡發現有記憶中投幣式點唱機的店家，或是貼在吧檯上方的料理品項太多，像是暖簾般垂下而看不到店內深處的小吃店，也碰過有著吃角子老虎和淋浴間的店家，我把自己化身為卡車司機般感受這樣旅遊的氣氛。

在全國名勝景點，常常能看到的會發出聲音的「歌碑」（譯註1），來一場和歌手的歌聲一起認真唱歌的「歌碑之旅」吧；祭祀村裡守護神的小神社的階梯總是十分陡峭，找尋哪裡才是最陡的呢？陡峭程度的競賽「陡峭階梯之旅」；前往日本人也不知道的火山口或金字塔等秘境、確認深山裡的大型雕刻的「大自然之旅」，雖然這些都只是二流的程度，但卻讓我十分開心。

能讓內心富裕、感受快樂，絕對是生活必要的事，而這些並不是只要有錢就能辦得到。

像這樣稍微改變視點，日常生活就變成了興趣的藏寶處，也讓我多少邁向與普通上班族不同的人生。

這也讓我想到，所謂家的設計，不只是交出圖面就解決，而是為了完工後業主往後生活而設計的提案。

為此，從生活中開始就要打開興趣的觸角，搜尋、觀察並吸收不足的部分。就像得了「每件事物都要從多面思考」的怪癖般，深入日常之中。

這個章節，是作為建築師和同世代的其中一員，為此後的家與人生，與給予大家思考的提示而寫。

我不會說：「那種事絕對不可能。」因為不拘泥於常識與固定觀念，才是自由想像未來的契機。

在「路邊餐館之旅」遇到的，因為菜單而看不到店裡深處的餐廳。

在山梨縣的山上遇到的謎之巨大雕刻，是在「大自然之旅」的一幕。

譯註 1：刻有日本詩歌的石碑。

我家的履歷

我在23歲時結婚，那時先租了2LDK的新成公寓，一個月租金5萬5千日圓，雖然在當時的年代有點貴，但新婚就是憧憬能住在新成屋裡啊。

不久後生了小孩，趁著28歲獨立出來開業的時機，想要家裡再多一間房間，於是搬到了屋齡30年的獨棟住宅，當時租金是7萬日元。因為是小孩出生和事業獨立的重疊時期，雖然喜愛新成屋，但比起屋齡還是選擇空間寬闊度與可掌握範圍的租金。

在這個小小的租屋處，一樓是6帖（譯註1）的起居室，餐廳、廚房及用水區域；二樓則為4．5帖的和室與6帖的洋室。因為小所以移動輕鬆，看顧小孩也方便，3人住在這裡沒有什麼不便的地方。

因為是老房子的緣故，原本的廁所是蹲式馬桶，地板上貼著有如硬幣般的磁磚，在得到房東的同意之後，我在蹲式馬桶上方覆蓋坐式馬桶，磁磚上鋪設防水地墊，之後也將部分牆壁重新上漆；廚房則是安裝壁櫥與換氣扇。而大概2疊左右大小的庭園裡，即使沒有特別用心去栽種，也長出韭菜和羅勒，讓我更期待冬天草莓的收成。位於房子前方的農田，則常有雉雞與鶺鴒飛來鬧哄哄的鳴叫著。

雖然一直持續這裡的生活也很好，但因為來訪的業主越來越多，我還是在31歲時決定將有如建築事務所般的工作室從自宅分離。

當時正值泡沫經濟剛爆發之時，不動產仍然處於高價，那時我好不容易入手了一塊與收入相比便宜的土地。那是塊連建商都舉手投降的旗杆狀土地，也就是在細長通路底端勉強能蓋間房子的小空地，會空下來是因為超出建商的規格而剩下的。

我以「將小而美的土地拉長」為發想，「不管怎樣也不會有普通房子的味道，就蓋成附加價值高的住宅吧！」我這麼想著，最後建造成有著屋頂和眺望浴池，滿溢解放感且明亮的木造三層建築。

屋頂可以和朋友ＢＢＱ，夏天則可以和孩子在戲水池中玩耍。三樓的南邊配置有浴池，從大面窗可以眺望朝陽和月夜，品味著帶點休憩的氛圍。

雖然現在仍和家人一起住在這裡，但我其實本來打算在孩子上國中之後，就搬到兩層樓住宅；或是再之後只剩下夫婦倆時，就考慮住進平房。

然而時光飛逝，被工作與養育小孩追著跑，回頭已錯失搬到兩層樓住宅的時機，現在已經接近應該住進平房的年齡。

如果現在已經能對孩子放手，我想是時候可以好好思考夫婦兩人日後生活的平房了。

我認為每個人生階段都有相應的生活方式，如果在每一個階段都能住在適合的房子裡，將能感受充實的生活。

日本人常常陷入「一買了房子就無法從35年的貸款」的束縛中脫身，也因此停止了思考，反正就先這樣待著，退休的人生就如同店鋪歇業般的度過。這樣的狀況我想是很多的，但就好比像清倉大拍賣一般令人覺得惆悵。

接近60歲的現在，退休後想要過怎樣的生活？想要成為怎樣的人？對自己而言重要的事物是什麼？現在不就是再一次好好想像的好機會嗎？

譯註1：1帖指的是一張榻榻米。
譯註2：日本於新年時寫毛筆的傳統。

在自宅的屋頂「新春試筆（譯註2）」。

十分重要的小住宅

從在市區工作的Ｋ先生接到委託，他希望能在老家旁的土地上蓋一棟簡單的小住宅。

Ｋ先生本來一個人住在千葉縣的公寓裡。家裡的三隻愛貓撫慰了日常生活，假日則和好友去演奏會、開心地吃美食，度過充實的每一天。但意想不到的問題發生了。

位於埼玉的老家空屋閒置而老朽腐爛，趁著還沒因為放置不管而讓颱風將屋頂吹走，造成鄰居的困擾，需要儘快找出解決的方法。

其實在幾年前，Ｋ先生曾經找過建商討論，但並沒有讓他滿意的計劃。想要拆除，但依照該縣市的法令，空地在一定時間內無法重建，哎～真的是十分麻煩。

在我摸索著是否有不降低生活水平，且能活用於該地的方法時，我想到自己曾經企劃過的小住宅（在拙著《用 5 百萬日元蓋房子》出場的 TOFU House 豆腐住宅），於是靈機一動說：不如就蓋自己的房子吧。

Ｋ先生說他希望只做必要的設計將機能極簡化，並可以在其中得到滿足感的空間。該地大約30坪左右，從小就對大工程感興趣的K先生，試著自己對照土地平面圖逐一確認：「如果是這個小住宅的話，就沒有問題可以建造，也有能停車的位置」、「建築費1千萬日元，手頭資金還算湊合」好，就決定重建吧！

住在完成後新家的K先生，與住在老家的母親保持適當的距離生活，過著更充實的日子，而如果有什麼萬一，母親需要照護時也能夠安心。

因為不知道會就這樣單身下去或是突然姻緣到來而結婚，無論如何建造了小住宅，確保自己有了能夠安心的住居，對於往後的人生更有餘力掌舵。未來，無論是將老家出租也好，或是如果結婚的話，將小住宅出租也罷都是不錯的選項。

實際上像K先生這樣，有著「不管如何就這樣單身過下去吧」想法的人逐年增加，在此之後，也接

K先生家的外觀（左）。雖然小巧，但僅是挑高天花板就成為滿溢開放感的空間。

到數個有著同樣狀況的業主想蓋新居的委託。

從這次的經驗我感受到，如果蓋小住宅的話，看來對於往後的人生是可以享受更多的利多啊。

當我們60歲時，擁有自己決定用最少限度物品生活的自由。而當如果物品減少，也就不需要大器的房子或豪宅，倒不如說小住宅就十分足夠。現在就從減少物品這部分開始，將生活的重心轉移到眼睛看不到的豐裕吧。

試著挑戰新的學習或是做義工，這些將使你得到成就感，而在那裡遇到的新朋友更因為有著共同的價值觀，而能相惜相知。現在才60歲，夢想還很遼闊呢！

60世代的生活樣貌

「人生大部分的時間，都做為上班族奉獻給公司，到了60歲，從此之後可以自己決定人生，開始做自己。當然繼續在公司上班也好，往實現想做的事的方向邁進也好」我想有這樣想法的人很多。

大型廣告公司——電通調查團塊世代（譯註1）時，60歲前半有77％選擇工作，其中有47％希望是全職工作，到了65歲之後，希望全職工作的人只剩下7％。真正退休生活的開始大概是在65歲前後吧。而調查60歲後半想要的生活樣貌，可以分為接下來的6種類型。

- 挑戰各式各樣的事物，積極的想要實現自我的「全能幹勁派」。
- 想和夫婦、家人、朋友等加深人際關係，給予深刻豐富生活的「熱鬧派」。
- 在海外旅居或移住，可以的話想在海外生活的「海外志向派」。
- 想為人們、社會、地方做些有益的事「社會奉獻派」。
- 嚮往簡單的生活，想親近大自然與鄉下並生活於此的「慢活派」。
- 避免挑戰與變化，想要平凡的生活「怕麻煩派」。

出處：電通股份有限公司 電通高齡者計劃「團塊世代的願望集體調查」2007年

看來除了「怕麻煩派」以外，全部的類型都有著希望和社會連結的印象，即使到了60歲後半，大家還是希望與他人有所聯繫，並嚮往融入社會期盼過著心靈富足的生活啊。

譯註1：指日本戰後出生的第一代。狹義指1947年至1949年間日本戰後嬰兒潮出生的人群（約8百萬人），廣義指昭和20年代（即1946年至1954年）出生的人群。

完全使用的家

當我們完成學業決定就職後，離開父母到都市展開新生活，當時只記得每天上班到深夜，拚了命的工作。幾年過後，儼然成為能獨當一面的大人，能抬頭挺胸昂首在都市擁擠的人群之中，而不久後結婚生子，在通勤範圍內居住，這樣說來似乎已經沒有回到父母親身邊的必要了吧！如果那樣的話，為了將來孩子著想，出於好意而留下的房子，現在也變成了「負資產」了。

最近趁著身體還健康的時候，開始想要整理住居而來到我的事務所找我討論的70世代的業主變多了，A先生就是其中的一人。

在某個地方城市的終點車站步行大約五分鐘，有個被叫做「銀座通」，昭和時期曾繁榮一時的商店街。昭和50年代時，家族經營的商店棟棟相連，每間店都十分繁盛。A先生當時蓋了鋼骨造四層樓建築，一、二樓是家族經營的西服店、三樓是畫廊、四樓則出租。在昭和時期，A先生的訂製西裝相當受歡迎，來自領獎金時和時尚上班族的訂單十分踴躍。

此後過了40年，銀座通漸漸變得蕭條，建築急速老化到處漏水，西服也被郊外的大型店鋪搶走客人，說到當年的活力，也已是很久很久以前的事了。

因為三樓是只能爬樓梯上去的畫廊，即使想辦個團體展，對有年紀的人也是十分辛苦。不只是客人少、常漏水，每年還必須上繳數十萬日元的固定資產稅。

A先生現在沒和子女住在一起，因此決定處理掉「負資產」，用一千萬日元在原地新蓋兩層木造住宅，希望能兼具店鋪與事務所：一樓是上了年紀和行動不方便的人也能自由進出的畫廊，二樓則是利用靠近車站的優點，將50平方公尺分為兩個單位收租金。

竣工後A先生的店以畫廊為主題和同條商店街的畫廊關係緊密，也讓「銀座通」轉身成為了「畫廊通」，二樓的出租到現在也一直是客滿的狀態。

我認為在考慮往後的住居時，一定要為子孫留房子的時代已經結束，有為了自己考慮的「完全使用房屋」才是好的。而這個房子的重點就在於自己生命結束之前能沒有餘地的盡情使用。

如果在面海的地方蓋房子

東日本大地震後，大家因為擔心海嘯侵襲，因此海邊的土地開始滯銷。但是五年過去，經過謹慎思考避難方式後，想要海邊土地的人們也漸漸回歸。

首都圈中央聯絡自動車道，一般稱為圈央道，從埼玉到神奈川的路線開通那年以後，從埼玉往湘南海岸的觀光客倍增。當時在埼玉縣越谷市進行住宅設計的我，和現場監工聊到圈央道的話題，「埼玉人對於海邊的憧憬真的十分強烈，我年輕的時候，工作一結束也是開夜車

取代老舊的四層樓大樓（右），改為兩層木造以畫廊為主題的建築（左）。

朝湘南飛奔而去喔」，我說道。

在東日本大地震之前，有個因為夢想而買下臨海土地的友人。之後因為大地震，害怕海嘯侵襲而想把房子賣了，但大家都是抱著同樣的想法，所以三年來只能除著草任日子一天天過去。

而在圈央道的開通不久之後，一對住在埼玉、正在尋找可做週末生活據點土地的夫妻，對這塊土地一見鐘情，很爽快的就完成買賣。

我想不論是誰，都曾憧憬過在海邊的土地，過著像加山雄三（譯註1）般的生活吧。但就算是我也無法大肆稱讚海邊生活，因為相對的缺點也是林林總總。首先因為空氣鹽分高的關係，熱水器和冷氣室外機等等容易生鏽，建材不能選擇鐵製而必須選擇不鏽鋼或鋁製品，衣服也因為受潮而總是呈現乾不了的狀態。

家的前面有著遼闊沙灘的K先生，在面海處設計了大面窗戶，對於海濱就如同自家庭院般從客廳就能眺望感到十分自豪。但是當風一吹拂，沙灘的沙就跟著起舞，窗戶馬上就變成「沙窗」一般模糊不清。

而西邊是海的土地也必須注意。在神奈川縣三浦半島的西海岸邊建造別墅的Ｂ先生，在建築完成後的第一個夏天，即被颱風侵襲搞得人仰馬翻，由西邊而來的颱風卷起海浪，正面打在房子上，「當時整棟房子就像處在加油站的洗車機中，我感受到前所未有的恐懼」，他邊回想邊向我說道。

雖然海有其大自然的威脅性，而如果在熟知這些事情的條件上，並在住居徹底找到對應方式，我想在海邊的生活也是不錯的。

譯註１：日本演員及歌手。

擁有兩個生活據點1

現在熱海（譯註1）十分熱門，你知道嗎？最近那裡的旅館和飯店相繼停業，難道是昭和時代的新婚旅行聖地遇到了瓶頸嗎？但好像也不是這樣。

和許久不見的不動產業者的友人H見面時，他剛在那裡買了一棟房子做出租使用。H是40歲的上班族，不動產公司的經理，專門在做度假公寓的仲介。他說：從幾年前開始，托退休的人們想要買熱海中古公寓的福，房價一直呈現上漲走勢。而因為出租市場也十分熱絡，租房也是擁有能期待的收益。

如果從東京坐新幹線，大概約45分鐘就能享受擁有溫泉和海邊的幸福的話，我想我會留意。在退休之後有「在這裡住個幾年看看吧」這種心情我也能理解。

事實上我在十幾年前也想有買熱海的度假公寓這樣的想法。那是在酷暑之後，乘著涼風與妻子到海邊兜風，當時車子行經一個轉彎處後，正前方有張橫布條寫著「度假公寓售，6百萬日元起」，我被那個價格吸引而緊急迴轉，當然我其實沒有預算，只是來了解市場只看不買而已。

這是將停業的度假飯店的房間，作為度假公寓來販售的物件。原本的度假飯店不僅有寬廣的櫃檯與大廳，從健身房、會客室、到各種娛樂設備都有，到了夏天，泳池也會開放。最值得一提的是：溫泉大浴場。裡面的更衣室是飯店規格，更在面向太平洋的那面設立浴池，而含有鹽分的溫泉讓身體瞬間暖和起來，據說對肩頸痠痛也相當有療效。

最重要的房間，整修得如同新蓋的一般讓人擁有好印象。而靠山側的房間因為度假感稍嫌不足也比較便宜。

一般度假公寓的缺點在於：購買之後的營運費用十分可觀，管理費和維修費，市價約要4～5萬日元。而這次參觀的公寓，管理費和維修費則不到2萬元，是相對合理的價錢。因為是套房形式，面積小、戶數多而得到了規模經濟（譯註2）的利益。

回到家之後在網路上搜尋這間公寓時，發現其他業者將沒有整修的物件以5百萬日元出售的物件，而且還是在靠海側的高樓層。突然感到十分心動的兩人（我和太太）順勢就買下了。

因為立馬少了1百萬日元，就拿這些錢整修成自己喜歡的樣子。寬闊的走廊使用大理石的地板，和室則是亞洲風的天花板與琉球式的榻榻米。自此之後，因為從自家開車過去只要1小時，每兩周就會去一次。而為了享有溫泉治療的效果，每次一定都會去泡溫泉，夜晚月亮反射在海面上十分美麗。

週日早起往漁港早市前進，用150日元的鯛魚味噌湯暖胃，大口吃著師傅用當日新鮮的魚所做的握壽司；而冬天伊勢蝦盛產時有相當便宜的售價，在魚市場裡討價還價也是十分有趣的體驗。

還有熱海四季都有放煙火大會，這點也是令人十分開心；就連乘坐在熱海市的景點與古蹟中巡迴的「溫泉〜遊〜巴士」觀光也是相當有趣。我和太太就這樣過了大概三年每兩周去一趟熱海的日子，在充分享受後才將房子轉讓給下個買家。

譯註1：位於日本靜岡縣東部，以溫泉聞名的觀光城市。
譯註2：由於擴大規模而使產品的成本下降了。

可以眺望海景的度假公寓。三年間來回在熱海與小田原，度過十分開心的時光。

擁有兩個生活據點2

若在60歲時能有自由自在生活的餘裕，嘗試讓生活有兩個據點吧，即使只有幾年也試試看吧！而將來如果有考慮搬到別的地方住的話，「移住體驗」更是個可以嘗試，不錯的方式。因為在那裡度過四季後，也能更了解自己是否適合那裡的生活與文化。

假設是擁有良好條件的度假公寓，因轉售的時候價格也不至於會跌太多，「熱海之後去鎌倉吧，即使不喜歡水也不錯」，這樣期待的心情將會油然而生。

擁有廣大沿海地區的千葉縣房總半島，相較其他地方來說地勢較為平坦，也是我物色第二個生活據點的地方。而且地價便宜，使用跨海公路離市中心也近。如果喜歡打高爾夫的話，眾多的路線更可以優惠的價格開心享用。

再來，要如何漂亮的脫手是十分重要的。在日本所有不動產在5年內販售的話，須繳交獲利部分的約39％的稅金，5年以上則是約20％。

但這只是在販售時有獲利的狀況，一般來說，賣出時比原本購入金額少的可能性比較高，所以不太需要擔心這方面的問題。

順帶一提，到轉讓年的1月1日為止的擁有期間，在5年以下的土地和建築物稅額計算如左側：

〈販售獲利800萬日元的狀況〉

（1）所得稅　800萬日元×30%＝240萬日元
（2）復興特別所得稅　240萬日元×2．1%＝5萬400日元
（3）住民稅　800萬日元×9%＝72萬日元
合計：317萬400日元

同樣的物件擁有期間如果超過5年，所得稅15%、復興特別稅0．315%、住民稅5%，合計總和162萬日元。

民謠酒吧，開張了！

收到了「民謠酒吧，開張了！」從太太朋友寄來就像是「中華涼麵，開賣了！」的複製版的邀請卡。

朋友的丈夫是在資訊相關產業工作的工程師，因為整體產業的不景氣而導致業務縮小促使他從公司提早退休，當時才50歲。雖然和公司斡旋後也可以到相關企業再就職，但想到又是每天持續著相同的工作就覺得十分難過，反正既然已經選擇了提早退休這條路，就利用一年的時間再次尋找自己的人生吧。

維繫友情、和家人團聚、自我夢想的實現──在工程師時期也參加業餘樂團的他，選擇了一直以來在心中描繪著「被喜愛的音樂圍繞的人生」。

學生時期時憧憬電視上邊彈邊唱的民謠歌手，那是個「誰都曾有想彈吉他念頭」的年代。一邊割傷指頭一邊記住弦的位置，因為按不到「F」而哭泣。那個時候就像民謠的歌詞般，大多數的年輕人是懷抱著夢想進入社會。

他在名為公司的軌道上度過了四分之一個世紀，工作也就此告一段落。在這裡和樂衷民謠的歐吉桑們，想要再次找回當時的輝煌，於是他的「民謠酒吧」開張了。

營業中的酒吧像是誰都可以加入似的，各式各樣的樂器擺放在狹窄的空間裡，舞台占了將近店的一半大小。食物只要銅板價就能取得，飲料直接將罐裝啤酒送出給客人，下酒菜也是罐頭食品，這樣真的能賺錢嗎？但看到在舞台上律動的歐吉桑們盛開的笑顏，我知道我問了個蠢問題。

像是要說「我也來彈一首」般開始爭奪樂器，不安靜就無法進行的和聲，背後的樂團卻不理合唱者逕自喊叫者，這樣的光景，身為同世代的我也歡樂在其中。

說到費用與是否賺錢，用短期的眼光來看，他的店可能有著問題，不過他得到了他想要的生活，在其他地方看不到的景象也轉化成自己的強項。他因為開了店，也為新的人生定了方向。

蓋房子也是一樣，只是為了老後能夠方便使用，並不完整。我認為家應該是從本質部分充滿著享受人生、豐富心靈的事物。人生走到此所獲得的是哲理或是浮奢……如果能夠得到明確的解答，為此就算需要付出一些投資也沒有關係，錢本來就有各式各樣的使用方式。

ＤＩＹ出乎意料地有趣

我在網路上訂購了紗窗，如果是ＤＩＹ的話一片只要6千日元左右就能擁有全新的紗窗。若在網路上的建材專賣店購買的話，罐裝油漆20公升也只要實體店的1／3價格就能買到，並在指定的時間送到自家門口，連搬運的力氣和時間都剩下來了，這真是個多麼便利的時代呀！

18年前，自宅落成時想要自己試著油漆牆壁和天花板看看。因為自己也在建築行業中，我很了解師傅們的辛苦和技術，他們為了完工，每日不間斷的持續工作，所以我刷油漆得在木工師傅與水電師傅施工空檔進行，無法隨意以自己的步調進行，結果光是刷天花板的油漆就花了2個月！自己油漆所省下的粉刷費，比起把這段時間花在做本業的設計上，反而能賺得更多。

如果是秉持新房子的一部分想要自己ＤＩＹ的話，請不要有「自己施工的話就能便宜一點」這樣的想法比較好，但如果是「為了享受打造自己的家的樂趣，所以想要自己動手」這樣的理由的話，我倒是十分推薦。

不僅是粉刷牆壁，和房子結構沒有關係的都可以自己做。浴室的話可以貼貼磁磚，門片、水龍頭也能自己更換，十分具有挑戰的價值。

再來說到ＤＩＹ的時機，如果是新房子的話，我建議在建築物完成建商交屋之後，因為是自己的空間能夠進行調整，而一旦有了經驗，知道箇中要領，修繕或是幾年後的重新粉刷，也能靠自己了。

由於是自己流著汗辛苦完成，我們對於物品也會更加珍惜。可以說自己花工夫完成的樂趣就像是完成小學的暑假作業一般令人興奮呢。

如同準備旅行般的樂趣

上了年紀，擁有的東西自然越來越多，需要收納的物品也是一大堆。孩子在外成家之後他們的房間就變成倉庫，因此家中的東西漸漸增加。雖然大家都想著「不管了，都丟掉吧！」，但實際上市面上的收納書仍然一本接著一本發行，而且還十分暢銷。

想讓牆成為家中的重點，自己刷上紅色油漆的牆壁。

我們會留在身邊的東西可能是自己的收藏、或是充滿回憶的物品。當上了年紀一整理起這些東西，情緒的調整也是十分困難，更別說如果提到「一起終活吧！」這些字眼，可能眼淚止都止不住，真不得了啊！

但是我們從現在開始的人生想要愉快的生活，選擇帶到新環境的行李不是應該帶著笑容進行嗎？我想如果把它想成是準備旅行的行李，任誰都可以帶著正向的心情整理吧。

來說說我自己的經驗，從以前的租屋處搬到現在的房子時，決定物品去留有著不可思議的順利，這是因為當時我設立了「不合適放在新房子夢想中生活的東西都丟掉」這樣明確的基準。可以毫不猶豫丟棄舊了、膩了、有缺口但因沒有丟掉的機會所以繼續使用的餐具；還有洗不乾淨，只在家裡穿的T恤，到新家也不想再穿，就一併丟了吧。

一邊想像著與新房子的夢想生活一邊整理行李是十分開心的，也能迅速地完成──而且如果是新蓋好的房子將更是如此。

夫婦溝通的好機會

一起工作的朋友曾經說過：「夫婦在一起的時間，最長的大概是蜜月旅行的時候吧！」

他和妻子的蜜月旅行，好像是請了一個禮拜的假到歐洲旅行的樣子。回來之後因為彼此都有工作，為了不同的興趣而各自外出的情況也很多，還有這樣、那樣的各種原因，雖然不到擦身而過的程度，但夫婦長時間一起度過的回憶非常少。

因此妻子對於要和退休後的丈夫長時間相處，有點「無法接受」。

有這樣一個廣告，退休那天丈夫回家帶了禮物作為驚喜，妻子因此淚流滿面……這位丈夫送的是美麗的鑽石戒指，但是真的是丈夫因為買了戒指才讓妻子流淚嗎？還是太太對於先生退休仍積累著無法放鬆的心情，讓鑽石就像在熱石頭上澆水？

因為退休後的生活和之前完全改變，兩人每天住在一起，本來對伴侶有點在意的地方會變得更加在意。因此我建議當快要退休的時候，儘量說讚美的話，並試著約太太去旅行吧。如果想在60歲蓋自己的房子，夫婦也能趁此說出內心的真實想法，不失為討論生活方式的好機會。

順帶一提，結婚28年的我因為是自己開業，工作和日常生活都以家為中心，因為已經如同老夫老妻一般長時間相處在一起，反而會儘量保留一個人的時間。舉例來說，我們各自擁有自己的臥房創造個人的空間，有彼此都想看的電視節目就一起看，像年末年初這樣的長假會有意識地加入別的行程，或是進行一個人的旅遊。

雖然沒有什麼機會說些讓對方放鬆的話，但平常說些垃圾話或是聊聊對方想聊的話題，就不會累積壓力，也能找到更好的生活方式。我們聊天的時間不只是多，甚至也聊到想要將骨灰撒在海上這樣關於自己葬禮的願望。

正因為老夫老妻說出希望與不滿比起年輕時更容易，如果想要蓋房子的話也能熱烈討論，但請注意，別讓它變成如同戰爭般的恐怖事件啊！

正因為是夫婦所以分房

這是到平常為我認真工作的木工師傅N先生家探訪時的事。

我發現在起居室的角落有鬧鐘，門框的橫樑有掛上衣的衣架，誒~這個房間似乎晚上是N先生的臥室。一問之下原來是夫婦分房睡，難道是吵架了嗎？知道並不是後，我才放下心中的大石。

上次來採訪的時候，「昭和派」的N先生總是說著「眼鏡放在哪裡啊？」、「好想喝茶~」、「好冷啊！好熱啊！」這樣話的大男人。太太對於丈夫的一味命令也是說著：「好，好，好。」看起來似乎很理所當然。

但兩個人最近不知道發生了什麼事開始分房睡，而自此之後狀況似乎有了改變，雖然兩個人的感情還是一樣的好，但太太會稍微回應客人的話，N先生還自己泡了咖啡，啊！原來是這裡有了改變啊。其他還有從兩人分房睡之後，在一起的時間反而增加，討厭旅行的N先生開始找太太一起參加巴士旅遊這些意想不到的效果。

我想這是因為隨著年紀增長賀爾蒙產生變化、兩人的就寢時間不一樣、生理規律不一致而發生爭執，但在有了完整的個人時間之後，孕育了嶄新的氛圍。這難道不是因為能從一整天顧慮對方的心情中解放，互相保持一定的距離感而成的嗎？

在此我想討論的並非「起居室是臥房」這樣的生活，其實翻新或是改造住宅，才是我想討論的重點，而擁有自己的房間正是蓋房子的理由。

氣窗的復活

昭和時代的家，總之就是和室很多，我的老家就是５ＪＤＫ。當然，這裡的「Ｊ」是指和室（Japanese room）。像我的房間壁櫥的門上，就描繪著「在富士山前展翅飛舞的兩隻鶴」的圖案，因此其他地方我盡力將和風屏除：在榻榻米鋪上地毯，放了張床，牆壁掛上錦旗，天花板則貼了「洛基」的電影海報。

而在日本的房子裡最重要房間會做「凹間（譯註１）」，交友廣闊的父親為了讓老家有凹間的房間能容納更多人，將隔壁和室打通連在一起。在兩邊的隔間拉門上方有著以浮雕裝飾的格窗，也因為格窗的關係，這兩間和室無法完全密閉，導致冷暖氣的效率也很差。在夏天即使開了冷氣也都會從格窗的開口逸散，就寢時得要用力地搧扇子才總算能夠入睡。

現在的房子會在窗戶的上方加裝小的窗戶稱做氣窗。和格窗不一樣的是能夠完全緊閉，看來還真是不錯啊！因為在高處又是橫長狀，即使打開也不會有防盜上的問題。再來將屋簷做深一點，即使下再大的雨家中也不會浸濕。而這種氣窗最大的優點在於能夠自然地讓外面的空氣進到家中，也就是能夠充分循環。

一般到了冬天，由於暖氣聚集在天花板附近，腳常常覺得寒冷，這是因為比重較輕的暖空氣上升的緣故，氣窗則反過來利用這個原理：春夏秋季時陽光從南側窗戶射入，室內的暖空氣上升，一開氣窗暖氣就跑出去了，接著在地板附近裝和氣窗一樣形狀的地窗，讓暖空氣由上面的氣窗引導出去而冷空氣則從地窗進來，自然風就此可以流動。雖然這個效果在夜晚也持續高溫的盛夏仍嫌薄弱，但在初夏或初秋就能非常舒適的度過。

譯註1：凹間（床之間）是日本住宅裡疊蓆房間（和室）的一種裝飾。在房間的一個角落做出一個內凹的小空間，主要由床柱、床框所構成。通常在其中會以掛軸、鮮花或盆景裝飾。凹間和其中的擺飾是傳統日本住宅內部必備的要素。

對付「都幾歲了還蓋房子」的說法

上了年紀的父母如果說「60歲要蓋房子」的話，孩子可能會反對，但是反對的理由又是什麼呢？

我曾詢問過具體的理由，大抵是「資金沒問題嗎？」、「好像有點麻煩耶」、「從小到大的家沒有了好難過」這樣的原因，除了金錢的問題外都是些「沒什麼道理」的反對。如果是這樣的話，再拖下去之前儘快決定吧。下次我們就準備「現在不蓋房子」這樣的題目來進行討論吧。

首先想想看「蓋房子對自己的孩子來說好處是什麼？」新蓋的房子大概比較現在的家還要小，父母要有將現在擁有的東西捨棄的決心。這是實行現在流行的斷捨離或終活等等的好機會。而對日漸老邁

保有以往格窗的房間（右）和格窗。

的身體來說蓋房子雖然是個大工程，但將來就可以避開「父母過世之後，整理老家十分困難」這樣的事，而拆除老家的負擔也減少；而對於「自己生活的房間消失了」感到悲傷的孩子來說，其實是好事：他們放置不管的行李也被迫要整理，而且因為沒有可以回來的房間，也可以預防他們變成啃老族或寄生蟲，讓他們即使結婚後也沒有「老家可以回」。而且每當他們看到閃閃發亮的新家時，就會認知到不管是金錢也好、住所也好，已經不能再依賴父母了。

而且蓋房子對兒女來說比起什麼都好的理由是：對於生活在居住機能不便老家的雙親的擔心能夠減少，這難道不是最重要的嗎？

將老公寓變成收益物件

接到一個想要翻新的案件，是位於屋齡40年集合住宅的其中一間。

業主這邊希望將其作為收益物件，於是一方面控制初期投資，另一方面設置具有競爭力的附加價值，並希望能減少維修。

舊屋翻新是伴隨隔間更動的大工程，因此會希望能讓房子產生新的價值。而且如果翻新時能掌控好成本的平衡，物件的價值也會跟著上漲。也因為比起保持現狀，翻新租出去或賣出去產生價差利益的可能性高，故而受到房地產投資者的注目。

這間公寓的狀況是介於翻新與改建之間，也就是以「改造」為計劃關鍵，概念訂為「現代復古」：老舊的門把和開關，可以品味歲月的痕跡，溫暖從中而生；再搭配現在的機能美，讓價值更提升。

雖然「是40年前所建造」這讓人有老舊等不好的印象，但在公寓黎明期所蓋的老物件，其中許多擁有良好的地理條件。這裡也沒有例外的，寬闊的海景展現於眼前，且因為有六層樓，享受著風與陽光的恩惠。

而在這樣「奢華」的空間我們又更進一步追加演出，首先是隔間的變更：從原本的3ＤＫ（和室2，洋室1）改成和室一間及ＤＫ相連的15帖的ＬＤＫ，也就是2ＬＤＫ。ＬＤＫ改成以白色為基調，用玻璃馬賽克製作展示櫃；剩下的和室，則使用如同和風的障子（日式拉門）創造和洋折衷的空間，讓入住者有種走進秘密的家這樣的感覺。

而原本既有的黃色馬桶，因優雅的曲線及鍍鉻散發著復古的氛圍，就這樣保留下來。走進浴室則可以感受到度假風，於是放了貓腳的浴缸和十字水龍頭。就這樣完成「現代復古」的工程。

順帶一提，這間房子的住戶想像是「25到40歲，美術大學出身的A子」，具有能鑑賞老舊物品獨特機能美的知性與教養，看到新事物願意伸出觸角，時時都在嘗試新的挑戰，每天到市中心上班、平日常走路、週末則到海邊看海，想要過得悠閒、對於生活有著嚮往的人。

同時擁有60幸福宅與中古公寓

對想要在60歲蓋新房的人，就算之後把它當成一個收益物件我覺得也不錯。

「我才沒有這個錢呢！」似乎也會聽到這樣的聲音。關於60歲蓋房子這件事，雖然有人有能改建的土地、有人有自己的公寓，但老家根本沒有空房子的人也是很多的吧！

如果用低成本蓋60幸福宅的話，一般來說蓋一棟房子的建築費用大約會少一半。用剩下的少少預算，買中古公寓作為收益物件改造也好，如果有地的話再蓋一間像60幸福宅般小而美的房子做出租用也可以。

而如果你擁有公寓的話，我會說：「不要賣！」翻新後改成出租，有收入進賬更好。因為轉為出租的好處在於有個萬一，還有個可以回去的地方。「雖然在鄉下蓋了房子，但還是住在都市好啊！」、「因為健康方面的問題，想要回到醫療設備充足的都市」……即使有這樣的狀況，有個能回去的地方讓人感到安心。

若是想要賣掉的話，改造後的房子能使附加價值提升，有可能賣出比加上改造費用還高的價錢。

不管怎麼說，還有另一個物件的話，對在固定收入只有年金的老後，就算只是零用錢程度也罷，也要保持是有收入的狀態。

最後最重要的是改造住宅的諮詢窗口：有街上的工程公司、設計公司、建築師事務所等

改造前 3DK 的樣子，榻榻米的房間提高維修費用。

因為改造使用白色木質材的 2LDK，入住率提高。

等，還有在網路上搜尋「改造」兩個字，就會出現很多公司，這些公司常常會舉辦為第一次改造的人而設的講座，多多積極的運用他們吧！

鄰居的草坪沒有比較綠

七歲的時候父親蓋了我們的家。雖然那時他覺得租屋生活其實也不錯，但當時的通貨膨脹非常誇張，雖然薪水一直增加，但比起薪水上漲的幅度土地和建築費上漲得更快，母親因此而動搖決定要蓋房子。

對家的內裝不太講究的父親，也只有買齊立體音響這樣一個願望。以新房子為契機購入的音響組合，是以單身貴族為主要消費族群，和冰箱差不多尺寸的兩個音箱，中間則是供奉著一樣大小的黑膠唱片機和收音機，體積非常龐大。

在當時，音響也稱得上是家具的一種。昭和時代的日本房子，因為收納空間十分有限，作為嫁妝準備了收納櫃、衣櫃、西服櫃的結婚三件組，這三件組一般會再多加一個梳妝檯。而音響會成為家具的原因，我想是為了調整家具的調性而存在，總之就是男人的結婚家具。

父親將當地電器行展示的展示品，用拖車就這樣運回來。從那時候開始，我家一天到晚放著五木宏（譯註1）、投機者樂團（譯註2）、大川榮作（譯註3）的歌，家裡成天像俱樂部般發出超大音量。當時父親從事農業，唯一能得到片刻寧靜，就是他出門工作的時候。仔細聆聽還可以聽到隔壁同年級的小N悠揚的鋼琴聲乘風而來，那時我總是想著「真好聽啊」。

現在回頭想想，小N可能是為了滿足父母的期待而認真的上課，我則是因為有空閒才能感受那時光流逝的豐沛感啊！

總之別人家的草皮就是比較綠（譯註4）。不論大事小事，人們常有別人的東西比較好的感覺。但是總有這樣的想法對於心理是不好的，不只是思考方式變得消極，也常會有不必要的內疚感或自卑感產生。

努力買了大樓的友人說道：「在電梯裡遇到從樓上下來的住戶等等，雖然是微不足道的小事，但卻在無形中感受到階級差異。」比較正是到了這種程度啊。

就像在學校就是比成績，在公司就要成果一般，僅憑著身在一樣的環境就要被判斷高下，視野將變得狹窄且難以呼吸。

但是要怎樣做才能不覺得別人的草坪比較綠呢？或許可以在自己的生活方式中找到一點特色，然後試著琢磨它。讓這個家的性格、生活態度、閃閃發光受到周遭的人尊敬。而只要有一點點想要讓心靈豐富的想法，身體自然就能改變。

譯註1：日本男性演歌歌手。
譯註2：60年代的美國搖滾樂團。
譯註3：日本男性演歌歌手。
譯註4：意同於外國的月亮比較圓，別人的東西比較好。

小而美的豐富生活——5百萬日圓的住宅

在2012年有一本《用5百萬日元蓋房子》（飛鳥新社刊）的書上市。東日本大地震時，因為海嘯和地震失去家園的人們，即使想要再蓋房子，但二份貸款的負擔實在太重，當時看到這樣的慘況，希望能在最小限度的負擔金額，找到蓋房子的可能性，是這本書出版的契機。

我這樣說可能有點草率，但假設是用5百萬日元蓋房子的話，即使發生什麼事也會覺得「再蓋就好」，多少有種心情較為輕鬆的感覺。在用新的貸款蓋房子的狀況，也是能在最小限度的負擔上解決，因而可以對付人生的變化，愉快地在舒適的家中生活。我覺得這對往後日本人的生活或許是一個不錯的方式。人生不需要每件事都努力不懈，「累了就休息一會」，以這樣的姿態邁出人生的步伐也不錯不是嗎？低負擔的5百萬日元住宅，提醒我想要輕鬆的人生也有這樣的選項。

如果用5百萬日元蓋房子的話，可以自由運用的錢增加了。簡單來說，零用錢變多了！和2千萬日元的房子相比，足足差了1千5百萬日元，對於發生什麼事可能「因為沒有錢而放棄」一時，是一筆可觀的金額，其次在小孩的教育或增廣見聞上也能使用。我認為這筆錢不是用於物質上，而是用於讓心靈成長的體驗，為了培育豐裕內心的人格而使用。

事實上孩子的誕生和蓋房子是人生的關鍵點，因此放棄興趣、生活品質變低的人也不在少數。房子是給予充實人生的其中一環，但卻不是終點，因為經濟的理由而讓想做的事不能做，反而是本末倒置。

雖然從那時候開始消費稅增加，翻新住宅所需的材料與工資上漲，現在蓋5百萬日元的住宅變得困難，但關於這個想法的應用，現在也能開始，不是嗎？

幻想在「理想中的平房」生活

雖然一直自說自話有點不好意思，但不被任何事物束縛、就算是幻想，也試著想像60歲在理想的家生活的樣子吧！

在思考日本人口減少問題時，享受其中一點點的好處吧。20XX年，在政府英明的決斷下，都市計劃從頭開始，實施「第二次列島改造計劃」（當然這是幻想）。因為人口過於稀少、少子化而激增的空房子，暫時被國家接收進行利用。接著因為50～1百坪的土地固定資產稅率條降到最低，住宅區一戶平均變為1百坪左右。

而在建築物方面，國產木材被大量的使用，木造平房相當受到歡迎，至今仍能享受木材為我們帶來的恩惠。蓋房子的建材大多數是用像木頭和土牆這些最終能歸於塵土的材料所打造，也儘量不使用釘子，讓用木頭組合的傳統工法復甦。

無法被加入，也不能被混合的素材——這就是木材。雖說日本的資源很少，其實沒這回事！像稻米這些還是可以培育的。但水泥是從石灰開始，鐵則是從鐵礦石提煉，無法培育，只會漸漸減少，反而無法說是資源吧。

5 百萬日元住宅規格蓋成的房子。不豪華但卻能在此過著普通生活的家。

如果照前面的幻想，土地有1百坪的話，平房大概可以蓋個30～40坪。如果建築物往上延伸，水壓上升，廁所也增加的話，多餘的負擔也會增加。如果是平房沒有上面的樓層的話，調整樑的寬度就可以減輕建築的重量，再來承重牆的數量也能減少，因此，調整窗戶的數量和大小的自由度增加，配置通風設備也較容易是其優點。而維修的時候不需爬高，自己就能修補的情況也變多。

在知道其魅力之後，大家都開始蓋起平房，因此即使在都市裡也採光良好，還能規劃迷你菜園，更因為每家的占地寬廣，和鄰居不必要的爭執也能減少。

蓋平房之後屋頂的面積增加，屋頂設置太陽能發電與太陽能熱水器，可以供給白天的電力和熱水。在太陽能熱水器中流動的水是使用鑿井而來的水。因為夏天氣溫變高，用熱水產生的水蒸氣在迷你渦輪機中轉動，再加裝上發電器就能和太陽能發電混合使用。而將水管安裝在地上的話，冬天能當地暖使用，夏天時則將井水灌入水管中，也能稍微感到涼爽吧！

最受注目的是木炭的應用，這是將木材用到最後一刻的方式：不久的將來，地方政府的垃圾焚化廠將同時設置燒炭設施。讓對於家庭的任務已經結束的木材，以炭的方式進入循環使用。將炭放進家庭備有的完全燃燒型暖爐，不僅能供給冬天的暖氣，還能煮水。

雖然只要日本沒有發生革命，想要一下子改變絕對是不可能的事。但是，還很有朝氣的60歲「阿伯」們，移住到小島上實踐這些如何呢？一邊用年金生活，一邊創造「新天地」，如果這可以讓全世界知道的話是多麼棒的事啊！這就是我秘密的狂想。

第3章

歡迎光臨！對60歲來說剛剛好的「60 幸福宅」

HOUSE

對60歲來說剛剛好的「60幸福宅」

在綠色的草坪上，抬頭仰望天空，
在青空悠閒流動的白雲，
在樹蔭下，孫子和吊床似乎在格鬥般的嬉戲，
一下撲過來，一下又到處亂跑的愛犬，
在這樣的光景下，一邊瞇著眼睛一邊坐在露台的搖椅上看書。

60歲的夫妻在平房開始過新生活，這就是60幸福宅。印象中在北海道的牧場也有像這樣類似美國郊外的房子。

60幸福宅是較高的平房，和昭和時期的平房有點不同，多了點時髦味。街道上有著顯著三角屋頂特色的，就是60幸福宅的象徵。

60幸福宅雖然小但卻很有味道，就像走到這一步的深度是無法用言語描繪一樣，簡單但卻不會覺得厭倦。

因為用低成本設計的關係而留下多餘可使用的金錢，能讓往後的人生過得更優質，但我這

裡並不是說要花在奢侈的事物上喲。

《60幸福宅的特徵》

- 即使上了年紀也能快樂生活的平房
- 有一定程度寬敞的庭院
- 可以顧及夫婦間的個人隱私，舒適的生活
- 價格約在1千萬到1千5百萬日幣之間

60 幸福宅

《建築面積》82.81 ㎡（約 25.05 坪）＊內露台面積 16.56 ㎡
《土地面積》138.02 ㎡（約 41.75 坪）以上
《構　　造》木造平房

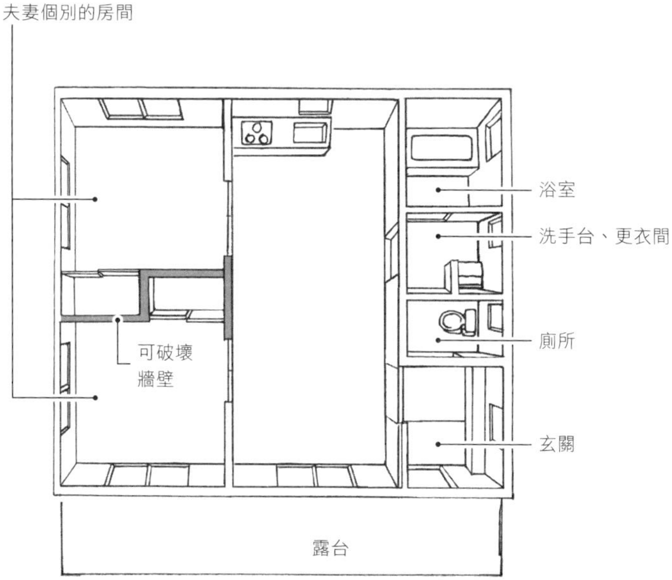

家中的設備和內裝選擇在家具行販賣的現成品。和工班討論如果 OK 的話，也可以安裝 IKEA 或購自網路商店的設計。地板則是現在的主流──不上蠟的木地板。牆壁與天花板則鋪上壁紙。

「60幸福宅」的五個優點

1 小而美的平房移動便利

住宅若是蓋得小巧，移動當然會變得便利。日常生活中，諸如夜晚上廁所、曬衣服和收衣服、打掃、下廚做飯等等都需要相當的移動，所以乾脆不要走廊，而且因為是平房，也沒有對60歲以上的長者來說走起來十分辛苦的樓梯。

2 小而身心愉快的空間

雖說家裡小但不想有「無法呼吸的窒息感」，因此在天花板挑高與縱向加寬兩處下功夫。像在度假飯店和民宿餐廳（主要位於郊外提供住宿的餐廳）等等的空間享用晚餐一般，天花板僅是增高一點點，就能提升空間的氣氛。

3 住進去之後，維修簡單也不傷荷包

因為小而美，冷氣和照明等等的每月電費便宜解決，也因只有單層窗戶數量少，擦窗戶、洗紗窗不用請人清潔，自己做就可以。萬一需要修繕的話，用不著像兩層樓住宅一般需要梯子，五年後、十年後的維修費用比較起來也較少。

4　用1千萬日幣就蓋得成

即使只想用5百萬日幣左右改造，結果在施工途中有的沒的欲望冒出，結果最後超過1千萬，這樣的事時有所聞。如果這樣的話，那就以1千～1千5百萬日幣前半為目標蓋房子吧！如果是原本就想蓋新房的人，剩下的預算也能更有效地運用。

5　牆壁與隔間可以更動

60幸福宅的基本隔間是2LDK，兩個房間的隔間簡單來說就是可以破壞的牆壁——之後的隔間是可以變動的。隨著生活的變化與家人的成長，當需要動到牆壁的時候，可以和伴侶一起打通隔間，之後也能再重新設置。

「60幸福宅」的尺寸與外觀特徵

《傳統的切妻（譯註1）屋頂》

屋頂的種類，有像日本城一般的入母（譯註2）屋頂、在常下大雪的區域讓雪容易滑落地面的斜屋頂和從屋角四周開始向頂部延伸的寄棟（譯註3）屋頂。

60幸福宅是三角形的切妻屋頂。雖然是十分普遍的樣式，但使用材料少、角度也少，不需要擔心漏水。如果向南側傾斜，還有搭設太陽能發電設備等等像這樣的好處。

《牆壁是外牆面磚》

牆壁採用外牆面磚，外牆面磚是以水泥為主原料、凝固後的外裝材。不僅堅固且耐用，比起塗水泥砂漿需等待乾燥時間，施工期也可縮短。

最近表面塗漆的材料工法進步卓越，有延長重新上漆的週期等等許多優點，裝飾效果也十分多樣：喜氣感、岩石感、木質感等等。60幸福宅可使用木質感的外牆面磚，以白色、深咖啡色、灰色作為主要印象。

《與外界聯繫的南側露台》

在建築物的南側規劃能與外面聯繫的廣闊露台。屋外與屋內如果有中間領域的話，生活將能更為寬廣，能徹底理解這種開闊感的地方就是露台了。放置戶外用的椅子與茶几就能在庭院中享受如同咖啡館的空間，或是也可以作為從菜園採收蔬菜的放置場所。

《挑高的天花板》

將讓人感到愉悅的房子試著用因數分解解釋看看，會發現關鍵在於「挑高的天花板」這樣的情況很多。因為很難看到天花板的邊際，感覺更寬敞。但過高的話，電費與燈具的維修就成為問題，因此房間的天花板大約3公尺高，而生活重心的LDK則配合三角屋頂的傾斜度，最高可到4．4公尺，讓開放感倍增。

《氣窗》

過去住宅設計的優秀智慧仍被大量的留下來，模擬格窗通風功能的氣窗也是其中之一。只想少量換氣與通風的時候是很好的設備，並且具有優良的防盜功能。

《需要138.02㎡以上的土地》

60幸福宅的尺寸，從空中俯瞰的話是高9.1公尺×寬9.1公尺的正方形，建築面積是82.81平方公尺（25.05坪）。如果一般住宅的建蔽率（譯註4）是60%的話，138.02平方公尺（41.75坪）以上的土地，基本上是可以建造的。

如果土地面積不足，不要露台改用可移動的雨棚，110.50平方公尺（33.42坪）的土地也是可行。

譯註1：是中國古代建築的一種屋頂樣式，宋朝時稱「不廈兩頭造」，清朝稱「懸山」、「挑山」，又名「出山」，也傳到日本、朝鮮半島和越南，日語稱切妻造（きりづまづくり）。

譯註2：為中國古建築屋頂樣式之一，宋朝稱九脊殿、曹殿或廈兩頭造，清朝改稱歇山頂，又名九脊頂。亦有傳入東亞其他地區，日本稱為入母屋造。

譯註3：在中式屋頂中等級最高的樣式，宋朝稱「廡殿」或「四阿頂」，清朝稱「廡殿」或「五脊殿」，日語稱寄棟造（よせむねづくり），是中國、日本、朝鮮古代建築的一種屋頂樣式。

譯註4：建蔽率是指房屋投影面積與基地面積的比率。

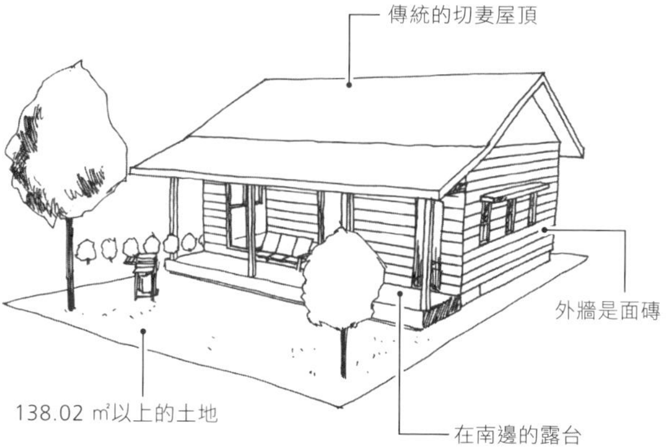
傳統的切妻屋頂
外牆是面磚
138.02 ㎡以上的土地
在南邊的露台

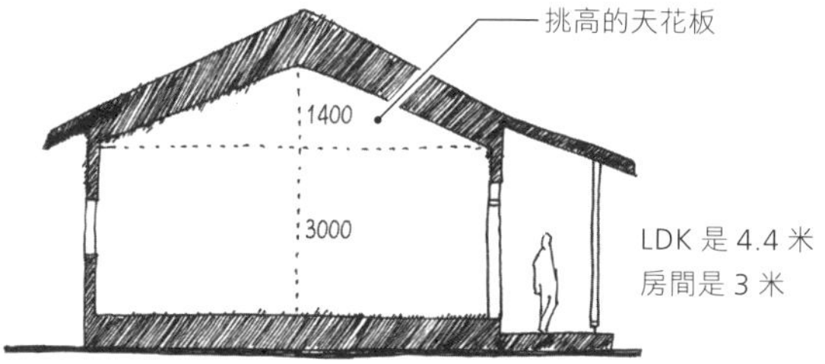
挑高的天花板
1400
3000
LDK 是 4.4 米
房間是 3 米

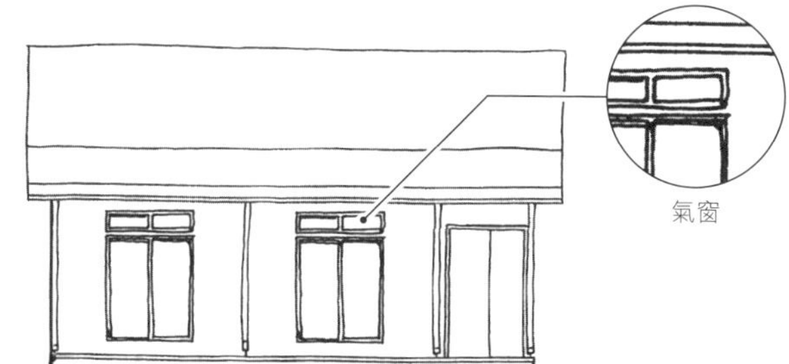
氣窗

「60幸福宅」的格局特色

《田字設計》

為了在最短距離可以移動到別的空間，日本從以前就開始採用田字隔間。牆壁均衡配置下能耐震與風壓。因為格局趨於正方形，不論是迴轉或反轉，都能改成和土地條件相符的格局。

《小房子總歸就是單位化》

以玄關、廁所、洗臉台、更衣室、浴室為一個單位，能減少配管工程費，不論是哪一面都可做為玄關。

《閣樓收納》

將不會長時間停留的水道區域天花板盡可能降低，在其上方設計高1．4公尺、6帖左右的閣樓收納空間。雖然上下閣樓需要使用移動式的梯子，但只要準備少階數的梯子即可。

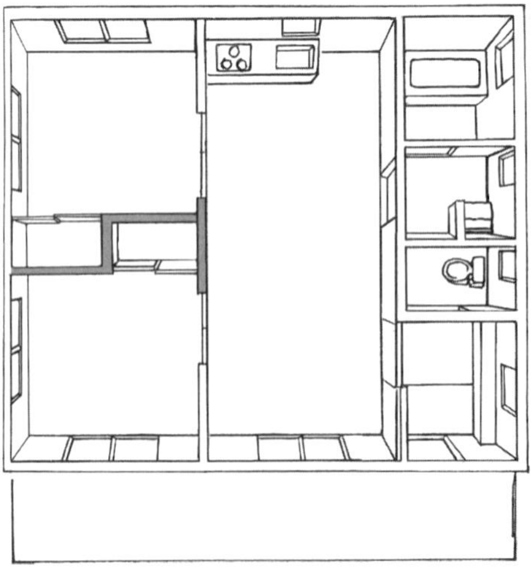

雖然用普通的固定式樓梯也可以打造閣樓，但家中的開放感就容易被犧牲了。反正閣樓也不過是一年兩次更換換季衣物時使用而已。

《兩人的個人房》

想像夫婦兩人的未來生活，也準備各自的私人房間。正因為每天都會打照面，因此考慮能讓彼此有充電的地方是十分必要的，而在充電之後才能對配偶更加體貼。

《方便變更的牆壁》

想要改變時能輕鬆拆除牆壁重新施作，應該會覺得方便而感到開心吧！如果這樣的話，在一開始就設計成便於拆除調整的牆壁，之後如果想要改變隔間也能輕鬆處理。

田字鏤空的格局如何呢？

以前日本的農村住宅是田字型的格局，這種樣式從南關東到北九州分佈廣泛，我居住的神奈川縣也深受影響。

田字的內部是用餐區、起居室、客廳、臥室，至於廁所、廚房、浴室則在田字的一邊，土間空間（譯註1）被設置於其中一邊或是其他棟。

從高度經濟成長期核心家庭化後，日本社會漸漸開始注重個人的隱私，新建的房子房間各自分開，像農村住宅這樣的田字格局，因為沒有走廊，僅是走到臥室卻不得不經過其他房間，這對重視個人領域的現代住宅來說是敬而遠之的格局。

但退休之後，只有夫婦兩個人住的話，大部分的房間都沒有需要，沒有走廊的話，移動距離變短，到了冬天因為溫度差而心肌梗塞、中風的例子也會變少，而面積變小，土地和建築費用也因此變得便宜。

因此，田字格局就在60幸福宅復活了。餐廳廚房、起居室、兩個人的個人房共4個房間，嚴格來說是「空氣田字」。因為只要拆除隔間牆就能夠調整，因應生活方式的改變能夠靈活運用空間。本來餐廳廚房和起居室被獨立出來，只是為了區域劃分而已，不一定硬是要分隔開來（這也是題目為鏤空的由來）。

田字設計光是能方便改變格局這點就很棒。因為土地的南邊不一定是道路，但如果採用田字隔間，不僅能東西南北轉，就算反轉也不成問題。配合這個，玄關和廁所、洗臉台更衣室、浴室是一個單位，不論在哪一面做玄關都沒有問題。

而其他還有自行粉刷牆壁和天花板的「DIY骨架方案」、在基本中增加休閒房間的「增建方案」可以參考。

《DIY骨架方案》

建築面積與基本設計相同，牆壁和天花板自己粉刷，牆壁也是之後自己打造，如果想

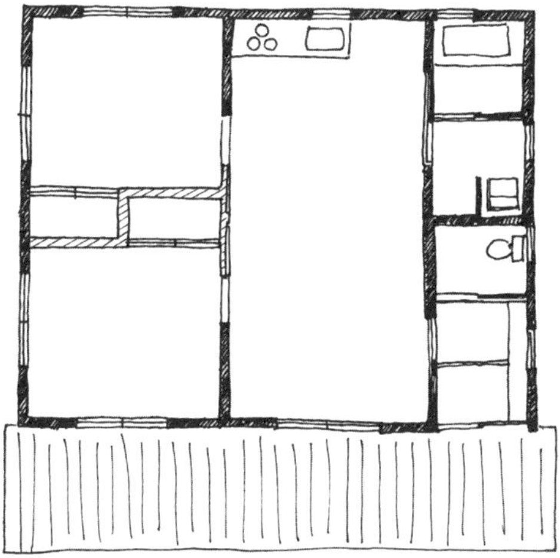

基本方案

要部分ＤＩＹ的人可以朝這方面思考。因為沒有做基本設計的ＬＤＫ與個人房的隔間牆，交屋時內部就是最基礎的石膏板，可以自行上油漆、珪藻土或是水泥完成。

《增建方案》

為了想要埋首於嗜好當中的人，我們幫夫婦各自準備了兩間個人房的計劃，設計了約4帖大小的休閒空間。增加後的面積為99・37平方公尺（內露台面積19・87㎡）。土地則需要１６６平方公尺（50・21坪）以上。

譯註1：土間是室外與室內的過渡地帶，雖然在日本家屋中有著「室內要脫鞋」的生活習慣，但若是在土間即使穿著鞋也沒有關係。因此在現代住宅中便做為「穿脫鞋子的場所」而保存下來。是此，日本家屋的玄關、學校的入口都可以視作是一種土間。基本上土間被視為戶外，所以即使只是暫時下到土間，人們也會穿著拖鞋等簡單的鞋具。

基本方案

基本設計反轉案例

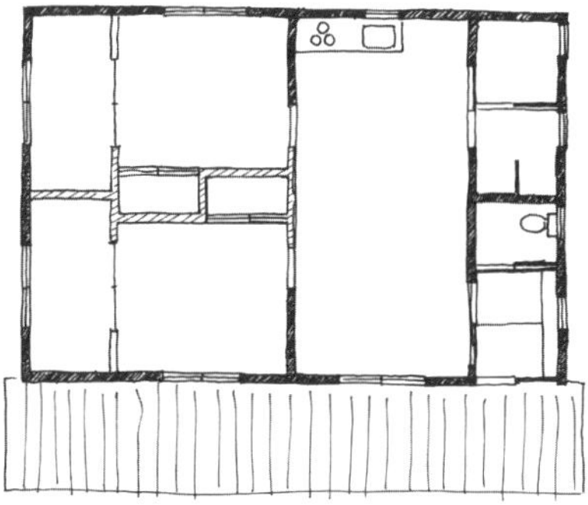

增建方案

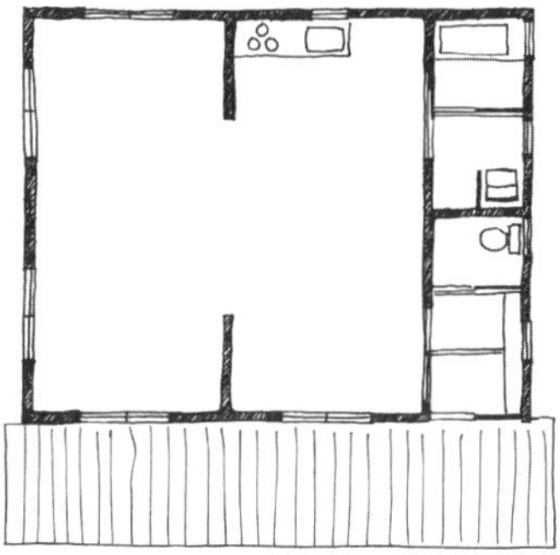

DIY 骨架方案

關於「60幸福宅」的玄關、窗戶、建物的耐震性等等

玄關大概是一個榻榻米左右的大小，台階高度約20公分左右。如果能放一張椅子的話，穿脫鞋子將更為方便。一開始不設計台階也可以，將來要加裝扶手的話，事先在牆壁基底使用合板等做補強較好。

窗戶是雙層玻璃的鋁窗。為了讓南邊的兩處出入方便，使用和地面同高的落地窗。其他地方則適當使用橫拉窗、上下拉窗、通風窗等。

斷熱方面，在外牆中間與天花板內等地方鋪上玻璃棉等隔熱材料。我想用新節能基準的3級程度施工就十分堪用了。但不久的將來節能基準將以4級為標準，如果在意且預算足夠的話，選擇高斷熱也是不錯的做法。

關於耐震度，平房就算不做補強也能確保擁有良好的耐震性。品確法（日本確保住宅品質的相關法律）訂定的耐震等級當中，最低等級1是遇到數百年發生一次的地震（在東京相當於震度6到7的程度）時，不倒塌、崩壞；而面對數十年發生一次的地震（在東京相當於震度5）能不損傷，這和建築基準法具有相同效能，60幸福宅即是依循此建造。

「60幸福宅」的建造費，你覺得要多少呢？

拿到60幸福宅的建築費和工程費報價，如左所述：

《基本方案》 970萬日幣
《增建方案》 1050萬日幣
《骨架方案》 910萬日幣

即使同樣的規格，不同地區與工程公司報價金額可能不太一樣，再往上抓個1百萬～2百萬日幣會比較好。

因為建築物以外的工程價格，依照土地條件可能有極大的不同，假設以45坪左右開發分讓地（譯註1）的空地興建為基準，之後會另行討論。

此外還有各式各樣的開銷：在沒有公共下水道的地區設置合併處理淨化槽的費用、在準防火地區（譯註2）取得獲準證明的費用等。被判定地基鬆的土地就必須進行地基補強工程，蓋房子時也需要另外申請建照。

在有設置公共下水道、地基也十分穩固的郊區45坪的開發分讓地內興建的話，其他費用大約是85萬日幣，這並沒有包含庭院等建築物以外的必要外部工程，詳細請參照第4章。

《45坪左右開發分讓地的空地興建，這樣的工程為基準》

- 外部排水設備費用：35萬日幣～（土地45坪左右的狀況）※重建不需要
- 合併處理淨化槽工程：50萬日幣～※沒有下水道的地區需要
- 準防火規格：50萬日幣～※住宅密集地等有規定的地方需要
- 地基檢查：5萬～10萬日幣
- 地基補強工程：50萬日幣～※也可能不需要。金額依照內容可能有大幅度更動
- 外部工程：50萬日幣～※金額依內容更動
- 老屋拆除費用：100萬日幣～120萬日幣（一般80～100㎡住宅的狀況）

《工程費用以外的費用標準》

- 建照申請費用：50萬日幣～
- 申請自來水／自來水手續費：各區不一，請向所屬市區確認

譯註1：由土地開發業者先行開發後賣出的土地。
譯註2：依照日本都市計劃法第9條20項，為了防止街區火災發生所制定的區域，以及依照建築基準法具體制定的地區。

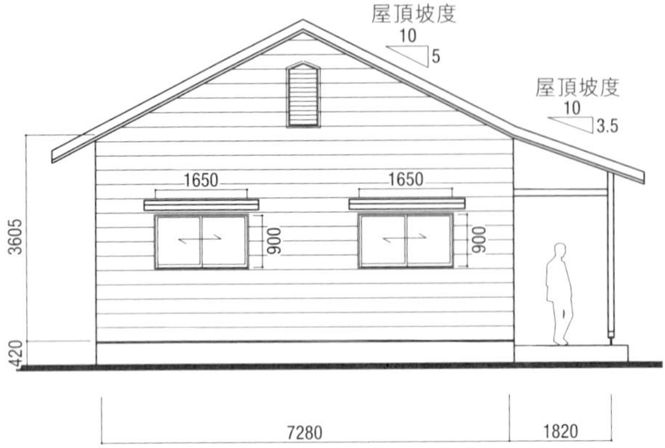

西側立面圖 S=1:150

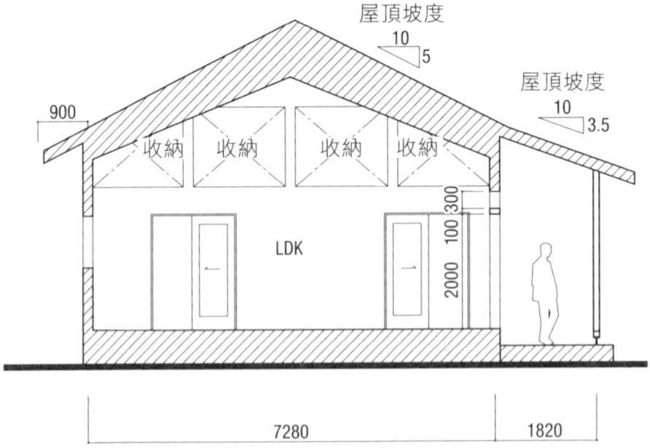

西側斷面圖 S=1:150

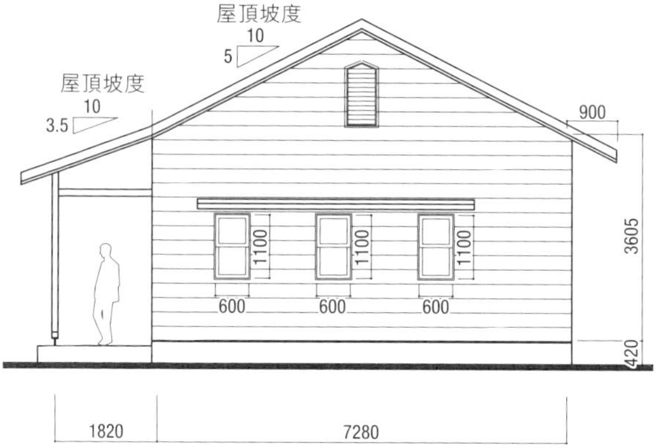

東側立面圖 S=1:150

東側斷面圖 S=1:150

南側立面圖 S=1:150

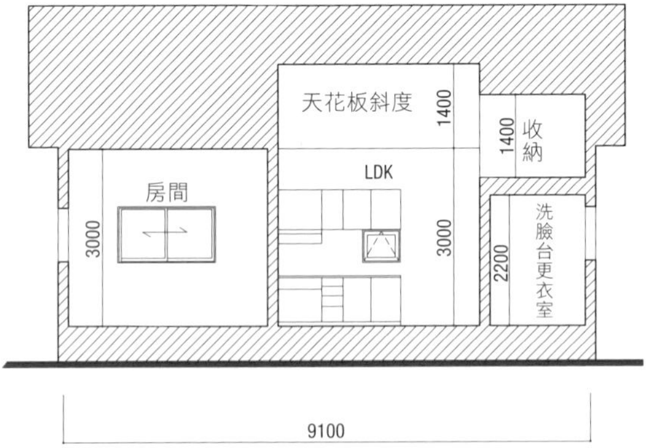

南側斷面圖 S=1:150

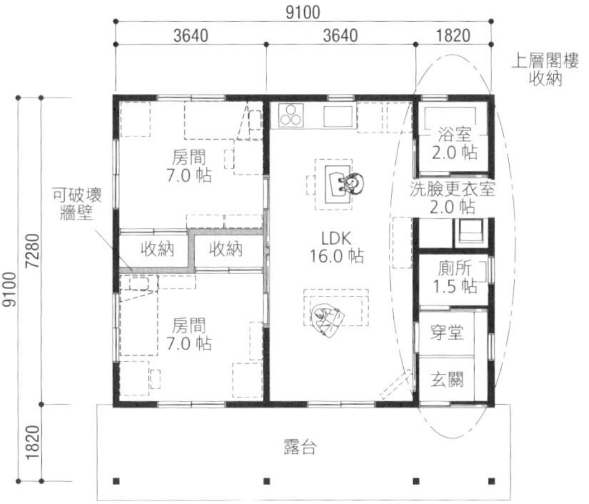

基本方案 S=1:200　82.81 ㎡（內露台 16.56 ㎡）

基本方案反轉案例 S=1:200

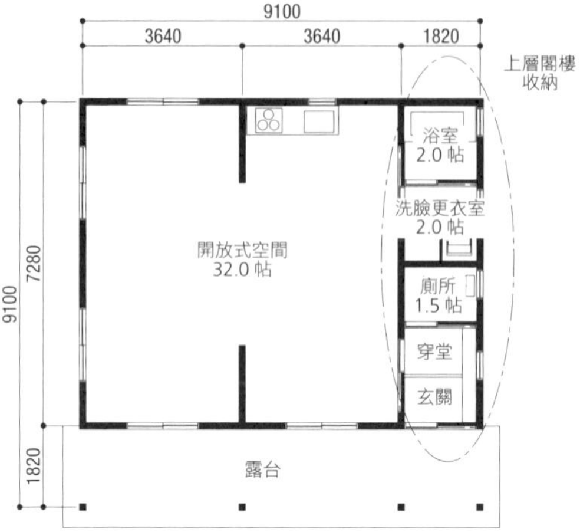

骨架方案 S=1:200

增建方案 S=1:200

第4章

關於60幸福宅的舒適選擇與外觀結構

HOUSE

符合生活方式的選擇與外觀

在第3章是關於60幸福宅基本建造的解說。但因為是簡單的住宅，在這時候可能會開始想增加東增加西也說不定。首先捫心自問：是否只在意眼前的便利？是否為未來準備太多？然後只要增加新生活的基本必要物品就好了。

在這個章節，將針對外部構成（門和玄關等，建築物外的建造）、保全及個人隱私等十分重要，且能有效讓生活輕鬆的事物作說明讓60幸福宅更舒適。

開心有趣的土間、有如戶外客廳的露台

將家裡的玄關加大，創造土間空間就能讓家的機能更上一級。因為土間是半戶外的空間，可以讓以往做不到卻能更便利的事成真。舉例來說：

- **進行有趣的腳踏車或機車維修或展示**
- **作為簡單的待客室，和附近的友人泡泡茶聊聊天**

・從家庭菜園拿回來的蔬菜可以連土一起保存

・努力製陶／挑戰製作蕎麥麵

雖然說家中的房間不會改變，但大概要建造洋室的八成費用左右。這樣說來好像有點奢侈，因此我推薦一個對60幸福宅來說能減少荷包開銷，又能輕鬆享用半戶外空間的方法──在基本方案的露台加上屋頂。

基本方案的露台是１８２０公釐＋屋簷６００公釐，而這個加上屋頂的空間則是由２０００公釐以上延展露台所蓋成。地板以土間的水泥地為基本，之後貼上磁磚或木棧板就完成了。

有了寬廣的露台，好天氣的時候就把椅子移到屋外一邊享受陽光一邊看書，招待朋友來ＢＢＱ也十分開心。即使陽光刺眼、中途下雨，露台有屋頂也就不用愁。而且因為是開放式空間，架起

在玄關設計寬闊土間空間的家。

炭火烤秋刀魚，就當作戶外客廳般度過悠閒又充實的時光吧。

還可以在牆壁裝上玻璃窗就變成溫室（有很多窗子的房間，目的是希望讓大量陽光進入），如果可以的話屋頂使用採光罩，比起屋內空間更具效果。

南邊的庭院用外牆包圍

將南側的庭院以外牆圍住，個人的空間油然而生，也能好好運用庭院的潛在可能。這是個人住宅設計時常使用的「外牆」手法。

蓋房子的時候，土地如果北側面對道路的話，東、南、西面旁邊很可能與鄰地相連。特別是南邊很有可能是矗立著鄰居的北邊。個人住宅的狀況，北側（也就是家裡的南邊）很可能是廚房、洗手台、浴室、廁所等等這樣的用水區域、垃圾放置區與後門，如果沒有任何遮蔽的話，廚餘和廁所的惡臭將一生與你同在。如果剛好和家裡的客廳相連的話，食物不僅變得不好吃，客廳也無法讓人放鬆。

作者設計有「外牆」的家。

再來，剛蓋好新房子，多半試過在庭院中烤肉吧！但只做過一次就沒有第二次的其中一個原因在於個人隱私的問題。和東邊、西邊的鄰地僅隔著庭院，一下就被看光光，讓人非常介意。因此可能就不再去庭院，不知不覺就變成僅為了去除草及增加採光的空間。

這裡就是外牆出場的時機了。在南側庭院的三邊加上圍牆，個人隱私區域就誕生了。地板使用木棧板，在角落種些簡單的植物，雖然會在意蓋了圍牆後就沒有風和日照，不過只要在南側夾角處設置百葉窗就能讓通風順暢，再來為了讓陽光容易進入，外牆和鄰居的窗戶上方等高，就能阻隔掉不必要的視線。

這家的南邊因為面對有人潮穿越的馬路，於是建造「外牆」阻隔行人的視線。

T先生的家中，為了讓愛犬單獨在家時也能自由跑跳，在房子與庭院間的牆壁設置了寵物門，讓牠能在其間自由進出。想讓愛犬也能看到外面的風景，也在「外牆」裝了可讓愛犬探頭而出的窗戶。這並不只是為了防範外來者的侵入，而是要讓毛小孩也能快樂的生活的設計。即使愛犬是親人的個性也沒關係，不要忘了將牆壁設計稍微向下傾斜等這類視覺上的阻隔。像這樣設計外牆，不用關上窗簾就能享有開闊的生活空間。

愛的寵物門

從經營印刷公司的K先生那裡接到13年的住宅想要整修外部的諮詢。

設計時因屋簷前端加長的關係，外牆有少許的劣化，完工時鮮豔的檸檬黃色也變淡了，塗上法拉利紅的車庫門更是嚴重褪色。也只有印刷廠的老闆才能對色彩如此了解，知道紅色十分容易褪色，也差不多到了該重新粉刷的時候。

雖然重新粉刷後外牆就會變得亮眼，但實際上太陽直射的屋頂需要重新上色的週期更短，當外牆開始損傷時，就應該重新粉刷屋頂。這次K先生的家為了緩和夏夜的酷熱，在屋頂與外牆塗上了隔熱塗料。

其次K先生的諮詢還有另外一件：關於中途成為家庭成員的兩隻貓的出入問題。現在K先生在後門紗窗下方開了口做為牠們的出入口。但是開口處常有蚊蟲侵入，夜晚門上鎖後貓咪不能出入而且也不好看，想詢問有沒有什麼好辦法？

現在因為貓咪小門需求很大，所以市面上有各式各樣的樣式，附有紗窗的款式大概在三千日幣上下。只要將現在的紗窗切開再把框架裝上就完成了，非常簡單，因為門有附上磁鐵可以完全緊閉，晚上再關上鋁門窗，防盜問題也迎刃而解。

其他還有將窗戶玻璃部分去掉再重新安裝（寵物門）的樣式，也有在外牆開小孔的方式，但因為開洞的話會碰觸到建築的本體，有可能會破壞斷熱層，還是請業者施工比較好。

也因為都是簡單的裝置，若擔心颱風等暴風雨侵入室內的狀況，在外面寵物門的上方裝上大的雨遮即可，最近需求越來越多，我想再五年過後就會有大公司販售相似的現成品了吧。

在南邊設置浴室

說來也是讓浴室地位提升的時候了，你覺得設置在南邊如何呢？取井水燒炭洗澡已經是很久以前的事，所以現在大部分住宅都將浴室設計在房子的北邊。

像骰子一般擁有六面體，具有 FRP（譯註 1）防水功能的系統衛浴，機能性與實用性都十分優秀。不只能自動煮沸、保溫，所有的邊角成圓弧形，汙垢難以堆積。地板是不容易感到冷颼颼的材質，並能防潑水，令黴菌不易生長。此外還能邊聽音樂、看電視。

浴室設在南側最大的優點就是明亮又溫暖。早晨的時候泡湯，感覺就像在溫泉旅館裡泡早湯的感覺，而因為明亮的關係，也能邊讀書或雜誌。從實用面來說，入浴之後的清掃也不會因冷而嫌麻煩，更因有陽光灑入不易長黴菌，下雨天也能曬衣服，是不是好處說不盡呢！

讓我在這裡介紹能用較低價格讓浴室更豐富的組合吧！有個產品只有浴缸下半部，叫做「半系統衛浴」。上半部覆蓋檜木板，貼上馬賽克磚，挑高的天花板令人感到自在。在天花板裝上「彷彿能飛上青空」般大片的窗戶是不是也不錯呢？像這樣將喜歡的素材組合在一起，就能簡單完成像溫泉旅館般的湯屋，這就是「半系統衛浴」的特色。

在一天的結束休閒的泡著湯，不經意地望向星空反而意外的發現月亮的移動。將窗戶打開一點，沁心的涼風徐徐吹來，在自己家裡也能每天享受露天風呂的氛圍呢。

譯註1：一種防水工法。

紙箱的煩惱

有人說便利商店的對手是網路電商的時代來臨。這麼說來最近我利用亞馬遜和樂天市場等網路商店的機會也是大幅增加，而在公司事務所的附近也有24小時不停擺的亞馬遜大型物流中心。

然而雖然現在是不用出門東西就送到玄關的便利時代，但卻讓新的煩惱出現了—開箱後的紙箱。這真的超級擋路！

紙箱拆除摺疊後，要等到資源回收的那一天才能拿出去丟，但紙箱常比舊報紙的尺寸大，總是超出放置的位置，就算想要暫時堆放也沒有空間。

而且因為最後要拿到外面的關係，暫時放在玄關附近是最好的，但不巧的是鞋櫃太小只好放在壁櫥下方的空隙（行李箱和板凳之間等等）。

遇到這種情況我就會想：在玄關附近有個適當大小的儲藏室一定十分方便啊！做個縱長的櫃子當作紙箱暫時的放置處，我想這絕對是不會錯的。有家裡改造想法的人，在玄關做個紙箱擺放區（之類的東西）比較好喲！

各式各樣的外觀

建築物的外部構造稱為「外觀」，是和建築物本體分開計算的部分。為什麼要分開計算呢？這是因為外部構造的施工面積和做法不同，而價格也變得完全不一樣。而且對於風雨及紫外線需要有長久承受的耐久度及堅固度，當你越是要求價格也會越來越高。

將房子外必要的項目寫出來的話，包含了為數不少的項目：

- 門
- 圍牆
- 燈
- 通道
- 對講機
- 信箱

- 庭園（菜園或種樹等）
- 車庫
- 置物處等等

像60幸福宅這樣庭院寬廣的平房，個人隱私和保全令人特別在意，考慮到要能確保最低限度的防盜功能，至少和隔壁鄰居之間要以圍牆隔間，並裝設具有照明與附有螢幕對講機的門扉。玄關的通道若鋪設踏腳石磚，經濟的選擇能以50萬到1百萬日幣解決，再加上前述，於外牆加上機能門的話，大概約是1百萬日幣到3百萬日幣之間。

開放式外觀或是封閉式外觀？

在電視與專門的書籍上常不厭其繁的提醒：為了防範未然，家裡儘量不要有死角。因此在外觀施以低矮或是網狀的圍籬，這樣從路上可以輕易看到家中的樣子，小偷想要潛入也比較困難。於是現在道路的邊界都沒有圍牆，新蓋的房子庭院與停車場都直接緊鄰道路，除了防盜以外還能減少設置費用，可謂是一石二鳥啊！

但是這樣的開放式外觀開始普及後，缺點也慢慢顯現。例如最近的住宅，像是公寓這樣的房子，到了晚上也沒有關雨戶（譯註1）或鐵門的習慣，這是因為現在的窗戶本身就有防災、防盜的功能，也沒有必要在外面多加上雨戶，因此現在晚上大家都只是將窗簾拉上而已。

但是窗簾如果有穿透性、比較薄或是沒有關緊的時候，從外面就能將家中一眼望盡，變成白天也不得不關上窗簾。這樣一來在家就無法眺望好不容易打造的庭院，也因為沒有圍牆，曬衣服常被看光光，家裡想要不被小偷光顧，保護個人隱私反而越來越難，到底為什麼會變成這樣，怎樣都想不通。

其實最重要的問題就在於：有外患！因為沒有像圍牆這般的遮蔽物，就容易直接被「攻擊」，也容易被跟蹤狂偷窺。

然而，若在建築物的四周以高聳的門牆隔離，這是以前住宅常用的外觀，叫做「封閉外觀」，雖然能確保個人隱私是其優點，但費用較高和周遭的交流也容易產生阻礙，太過封閉是需要考慮的問題。

因此我推薦集結這前述兩個外構優點的「半封閉外觀」：附有螢幕對講機的門及約視線高度的圍牆，代替高聳的門牆。

當我們上了年紀以後，判斷事物越來越花時間，比起讓客人直接來到玄關門口，站在稍微有點距離的大門邊等候，自己能夠先用對講機確認聲音和影像比較不會緊張和有危險，接著再按下對講機旁邊的大門開關，只讓必要的人進入到自己的個人空間。圍牆或籬笆大概約視線高度，讓人看起來不容易侵入。也因為道路比房間的地板高，從裡面看出去心理上也比較安心。

譯註1：指的是設在紙拉窗或是紙拉門外面，防風雨打濕窗紙用的木板門。

如果外觀只求便宜就好

能讓外觀的價錢降到最低的方法是：與鄰地的邊際以水泥磚圍起，在上面裝上最低的鋁製柵欄（高60公分左右）。

車庫使用水泥地板，到玄關的通道鋪上長寬300公釐水泥製的「平板」作為踏腳石，庭院則保留原本的泥土。

在庭院以外的家的四周撒上碎石，假設碎石需要大概一個榻榻米大小左右，可在材料行購買袋裝的碎石。但若整個庭院都想鋪滿，可請園藝工程行前來施作，費用則大概十幾萬日幣左右。

如果想要更節省的話，直接打電話到建材公司，用卡車運碎石過來也是一個方法，然後自己用鐵鍬剷平，應該用幾萬日幣就可以解決了。

因為踩上碎石會發出喀哩喀哩的聲響，也能打消小偷想入侵的念頭，而碎石底下鋪上防草不織布，能防止雜草蔓長。

總之蓋房子就是先鋪上碎石，之後再來考慮外觀也沒關係。

但是，如果之後有打造菜園或種樹的打算，將碎石撤除十分費事，這時我就會建議不要使用碎石，改成考慮先鋪上水泥的踏腳石，過幾年後再和園藝公司一起打造庭院的做法。

美軍住宅有許多是從門口到玄關的通道鋪上磚塊或水泥板外，其他地方鋪上草坪，雖然草地的保養很花時間，但選擇這樣的方式更能省錢了。

最近在全日本擴展的外觀工程公司，從網路下訂單可用相當划算的價格承攬工程，可以拿估價單互相比較一番也不錯。

不用照顧的外觀

如果不想要照顧庭院的話，在防草不織布上撒碎石是一個方法。終極的方法是鋪上水泥，不僅雜草不會亂長，灰塵也可以簡單用掃把清掃。使用家庭用的高壓清洗機就能將汙垢去除，保養也十分輕鬆。在上面也可以放置輪椅或手推車等等，便利性倍增。之後在玄關加上斜坡與扶手，就搖身一變成為無障礙空間了。

但另一方面，水泥有白天吸熱、夜晚散熱的特性，夏天十分不舒服，再者還有費用高、無法修飾景觀等缺點，加上踩上去沒有聲音，對於小偷來說非常容易進入，因此需使用監視錄影機和加強照明等保全設施。

若是覺得庭院裡全部鋪水泥沒有家的氣氛，在其中一部分鋪上「無法長草」的土壤固化劑也不錯。因為是泥土與水泥混合而成，質地和泥土相似，施工時只要將材料敷上3公分後再加水就可以簡單完成。因其具有優秀的滲透性，能利用地底水分散熱的特性令地表溫度下降，也因是生於土返於土的無機材料，即使廢棄也不會造成環境的汙染，也相當環保。

此外，土壤固化劑在室內地板使用就會變得像三合土（譯註1）一般，充滿了日式老屋土間風情。自己購買的話，一袋在一萬八千日幣左右，可以施作70×60公分的長方形土地，如果施作榻榻米6帖的話需要23袋左右，要價超過41萬日幣是其中難處，但完工後卻有著水泥所沒有的美與魅力。

譯註1：是指以三種或以上材料混合而成的建築用土壤，現代常用作混凝土的別稱。除混凝土外，一些傳統的混合建築用土如夯土、敲土等，也稱為三合土或三和土。

種植庭院植物

住在高級大樓上面樓層，一位認識的建築師曾這麼說道：「住在這裡因為聽不到雨聲，什麼時候下雨都不知道，因為和地面實在離得太遠，因雨水而彈起的泥土青草味是什麼味道也無從得知。身為提出住宅方案的建築師，卻不得不住在感覺不到自然的環境裡，實在是太可悲了。」於是後來他搬進獨棟住宅了。

原本住在沒有土壤的地方，為了追求生活情趣而想搬到獨棟住宅的人很多。雖然說這麼說有點任性，但對於一直住在獨棟住宅的我來說，覺得拔雜草可是件很麻煩、有時還會因此受傷的事呢。

以往有著很大庭院的年代，蓋新房子的時候誰都想在庭院裡配置石頭與樹木，打造庭園對人們來說是很開心的事。但忙碌的現代人卻是想到要修剪樹木就覺得麻煩，不僅修剪不到已全然伸展開的枝葉，落葉也得等到收可燃垃圾那天才能拿出去丟，像以前把枝葉拿來烤芋頭的事，現在可是被禁止的喔。

但是如果庭院全用水泥打造又顯得沒有情趣，果然還是要種一棵樹啊！最好是像闊葉樹那樣能感受四季的樹，不覺得這才像是有格調的生活嗎？雖然可能有點麻煩，但只有一棵樹的話清掃落葉也不算辛苦，修剪樹木一個人應該也做得到。

花開與新綠、從樹葉間傾洩而下的陽光、樹葉颯颯聲音、紅葉……沒有什麼比得上因四季遞嬗感受樹木變化而更開心的事了。山茱萸、木蘭、沙羅樹是美麗且不需要照顧的代表；常青樹的話，我則推薦山茶、金桂、橄欖等。

也想挖口井看看

家裡的排水處理如果是公共下水道的話，不覺得下水道使用量特別的高嗎？像我住的地區來說，即使沒有特別使用，光是基本費用一個月就將近2千日幣。

汙水處理的計算方式是因應水錶的口徑大小與使用水量而改變。因為只要用水，汙水處理費也會跟著變高，洗澡、洗衣服、特別是馬桶排水的量等等都不能馬虎。說到這個，最近有3．8公升超節水的馬桶問世，以前的款式一次就要用掉13公升的水。而我為了節水，曾經試過在馬桶的水箱裡放寶特瓶這樣的方法，但因此破壞了水箱內部構造而損壞，現在改用名為「節水停損」這樣的產品，大概能節省約30％左右的水量。

想在60幸福宅打造花園或家庭菜園的人應該不少，但即使是灑水也會增加汙水處理費用，可說是不小的負擔。

想要像歐洲那般在庭院的一側打造花園，過著能展開燦爛笑容的每一天，就是不能限制用水啊。

因此我這邊有個提案：乾脆鑿個井你覺得如何呢？如果可以盡情用水的話，就不只是在庭院灑水而已，設置太陽能熱水器後也能做為洗澡與煮飯用的熱水。而且這不只是節省水費而已，遇到災害時有井水可以用也令人感到十分安心。

關於令人在意的預算問題，拜託專門業者施工大約需要1百萬日幣左右，如果不作為飲用水使用的話，大概25萬日幣就能達成（依照挖掘場所的地下水取用規範及條件，也有無法設置的狀況）。

第5章

建築師教你蓋好房子的訣竅

HOUSE

「蛻殼之家」——關於減築

2016年1月13日每日新聞早報的生活版有一篇關於「聚集空間，用『減築（譯註1）』讓生活舒適」的報導。

最近常常聽到「減築」，就是將家中不使用的房間改造成精簡的空間。對於兒女已經在外成家立業的熟齡者來說，此時住宅不需要功能精細劃分的房間，如果可以的話，生活的一切所需集中在一樓是最理想的。就房子改造來說，房間數能夠減少的話，生活空間也會被聚集在一起，生活將變得更愉快。

推廣「減築」這個詞彙的先鋒，其實我是其中一人，這可追溯到2004年電視台邀請我參加「大改造！戲劇般的變化Before & After」以改造房子為主題的節目，對於當時的業主，我就採取了「減築」的手法。現在電視上將「減築」這樣的語彙廣泛使用，我想當時大概就是個開端吧。

兒女們在外成家立業，先生也先行離去，一個人住在大宅裡的F女士當時77歲。在小孩陸續出生時，房子反覆的增建，因此小房間很多，日照難以進入而顯得昏暗。平常上二樓也覺得麻煩，只有在孫子來的時候會去打掃而已。

「希望能讓一個人住的母親生活在良好的環境裡。」前來諮詢的兒子與兒媳婦這麼說道。我當時回答道：「那就減築吧！」將增建的部分拆除，恢復到新婚時的精簡格局。將分開的廚房與起居空間整合為一體，動線縮短移動也變得十分輕鬆。因為減築的關係，陽光也能灑入家中，成為十分舒適小巧的家。

二樓只留下一個房間，做為讓偶爾來住的孫子使用。而階梯的階數也增加，在途中也設置能休息的平台及扶手，讓年近80歲的F女士能夠安穩的上下階梯。

讓人高興的是，業主因為改造而變得更有活力。在原本不方便的家中連出庭院都不肯的F女士，現在為了看先生精心打造的庭園，願意走出來到陽台看看。果然讓人身心愉快的房子，有著令人充滿活力的力量啊！

譯註1：趁房子改建之際，將房子的地板面積減少。

凡事舉手可得的家

雖然是為雙親的老後而設置，但也要自己方便使用，我家的廁所就是在這樣的考量下設計的。在蓋新家的時候，思考到不論雙親誰先離開，都能照顧到使用需求，在家裡準備了9帖的西式房間與4帖半的和室。現在9帖的西式房間做為事務所的一部分，4帖半則做為客房使用。但如果有個萬一，9帖可分成「6帖的DK＋洗臉更衣室＋浴室」，4帖半則做為寢室，這樣就有1LDK的格局可以使用。

在那間4帖半的和室旁邊設有廁所，將和室拉門推開，馬桶就出現囉。我那時認為年紀大了以後廁所離房間近一點比較好，所以才會將其設在和室旁邊。使用了18年的感想是：廁所在房間旁邊其實也沒有想像中那麼不乾淨。

現今洋式的馬桶成為主流，而且抗菌規格也標準化。廠商致力於讓打掃更簡單，思考如何讓免治馬桶蓋和馬桶之間的縫隙能輕鬆清潔得乾乾淨淨，而互相競爭著。我想現在馬桶已經變成即使設置在和室的一角也能忍受，這樣乾淨的產品了。

現在的馬桶設計讓排泄物不會散落各處，木地板也不會變髒；從心理層面分析，一想到廁所在旁邊而感到在意，打掃的次數自然增加。因為在意所以使用後隨手清潔，因為在旁邊感到在意而去打掃，這樣一來，就形成清潔的循環。

此外，夏天是細菌繁殖的旺季，這時大概也會在意產生惡臭吧！現在住宅的廁所使用24小時的換氣扇，臭氣從廁所排出而不會進入室內，若是選擇靜音、節水的馬桶，使用後的聲音也不會干擾睡眠。有時當身體不舒服一個人在和室休息時，這時候旁邊有廁所就覺得十分感謝，冬天使用廁所不用經過寒冷的走廊，還能減少因溫差過大而可能導致心肌梗塞或突然中風的情形。

如果要設計退休居住的家，或許需要事先在臥室的地板下設計個人馬桶的給水和排水管。這位於寢室內的第二間廁所做為自己使用，也能維持隱私。

這麼說來，想著「在旁邊有這樣一個馬桶就輕鬆啦」的我，原來已經比自以為的還要老了呢！

爬樓梯變得辛苦

平常我們對樓梯毫不在意。像是和一般住宅相比，為了讓小朋友方便上下，幼稚園或小學的階梯都較為和緩，但我們對於成人使用的樓梯卻鮮少多加考慮。

30年以上的房子因當時法律尚未規範，常出現陡峭的樓梯。而雖然現在房子的樓梯是依據「建築基準法」所設計，但實際上還有經過更縝密計算，建築業界標準，讓人上下更輕鬆的階梯方程式。

「550 < 2R + T < 650」

（R是一階的高度，T則為一階的深度，單位為公釐）

將一般人的平均步伐看作「2R＋T」，如果得到550到650的數值，就能計算如何一步登上一階的距離，如果好奇的話用自家的樓梯測測看吧！

但是即便上階梯變得如何輕鬆，年紀大的人爬樓梯還是會覺得辛苦。太太七十幾歲的雙親，早已不上二樓了。樓梯被用來放蔬菜或收納罐頭，這在高齡者的家中十分常見。

不使用的房間，很快就會受損。就這樣放任不管十幾年都沒有住人的話，變成「特定空屋（譯註1）」也是早晚的事。想要租卻租不出去的房子，最後只好變成「負資產」。改造房子將房間數量減少實行「減築」，或是仔細考慮重建計劃，在還沒變成幽靈房屋之前先想好對策吧！

譯註1：為了減緩房市供需失衡的現象，日本政府從2015年開始實施「空屋對策特別措置法」。如果被列入「特定空屋」，屋主就得按照指示修繕或拆除空屋，也無法享有固定資產稅的減稅優惠，形同稅金暴增五倍。

把現在的好搬到下一個家去吧

遠房親戚從關東搬到了關西，並在那裡蓋了棟新房子。聽說他們對舊宅的格局非常中意，現在蓋新房乾脆如法炮製完全照著蓋一棟。

蓋新房子的時候，大家常會想著「這個我要，那個我也要」，對建築本身的要求越來越多。換個角度來看，大家對於目前居住的房子所累積的不滿也是日漸積累，因此負責施工的建設公司或小包商，不該只以顧客要求至上，唯唯諾諾不做其他意見，而是不時根據現況提出「這邊這樣修改一下您看如何」之類的提案，最終彙整一下便會得到價格夢幻、設計也夢幻的住宅設計案（基本上超過預算時就會重新取捨選擇）。

將近60歲的成人，大概不太想改變自己過去累積下來的生活習慣及生活方式吧。蓋新房的時候，為了盡量避免需要重新適應一切環境，最理想的方案是將自己居住多年的住處優點繼承到下一個住處。

要承先啟後將住宅的優點繼承下去，那麼現在就開始把自家的各項優點條列下來吧。不論你對現在的老家有再多不滿，總會有幾個「非這樣不可」的堅持。比如說「窗戶太大打掃清潔很費事費力，可是採光效果很好」、「廁所的架子很礙事，但要是哪天身體不舒服的時候可以靠著架子，想想也很方便」之類的。

拿我家來說，大概就是明亮的起居室與廚房了。畢竟我家土地面積小、周圍又都被其他建築包圍，所以設計時就使出渾身解數把採光效果放在最優先。結果每次去朋友的新居拜訪，看著別人的房子雖是好生羨慕，卻總覺得房間怎麼好像有點暗，原因就在此。

對現在的住處要心存感謝善念正能量，要是完全忽略掉目前住處的優點，等你搬到新家搞不好會覺得「奇怪，這樣比起來好像還是舊家比較好些喔……」，慎之戒之。

莫似飛鴻踏雪泥，留點回憶帶著走

一個人要是從年輕時蓋了第一棟房子之後，就一直住到60歲中間從沒搬遷過，並在這幾十年之間對這棟房子產生感情，那他的人生應該是幸福的。

某次我去拜訪朋友K先生的模型工作室，K先生是個建築模型師，靠製作百分之一的小型住宅模型維生。簡單點說，可以想像成娃娃屋或是鐵路模型的住宅版。

他的主顧是建設公司；建設公司的業務員對來看展示屋的顧客做問卷調查，然後根據問卷調查上的資料不分晝夜對顧客進行地毯式轟炸。卯足了勁就是要比同業的業務員多接觸客戶、提出更好更詳實的提案內容，這樣才能爭取到客戶的信賴。

這份信賴同時也包含著「業界最低價」這項重點。每逢月底將近，各家業務更是拚命，這個月做成了幾件案子可是會影響到自己的薪水袋厚度，不管怎樣反正顧客簽下去就贏了。這種生死關頭，業務們的殺手鐧通常就是這兩項「必殺技」：一個是最終成交價格，這價格會跟原本報價的數字一口氣差到上百萬日幣，下殺這麼多就是為了動搖顧客內心，簽下去。另一招必殺技就是剛才講到的住宅模型了，業務員主動把顧客心目中的理想住宅化成有實體的模型屋，不光是用地照比例尺大小忠實地重現在眼前，車道上的車子用的是進口車、模型內部最重要的是要能呈現溫暖的家庭日常生活。顧客不花一毛錢就能看到自己的夢想變成現實，再一看眼前的業務員肯為自己做到這種地步，深受感動而簽下合約。

也就因為剛才說的這些原因，每到月底，K先生的工作室總是堆滿了等著出貨的模型，尺寸相近的箱子一箱箱堆得老高活，像聖誕節似的。

在這模型山裡頭夾著一箱不太一樣的模型，仔細瞧可以看到屋頂是鐵皮、外牆是木質羽目板，連窗戶也是木頭窗框，整個就是一派昭和40年代、日本經濟高度成長期常見的昔日住宅風情。

我問K那是怎麼回事，他說是顧客打電話來說老家要拆了，為了留下點回憶，才委託他製作「回憶中的老家」模型。這幾年同樣的委託一件一件接著來，K忙得像是工廠生產線那樣不斷埋首製作；不過接到這類與一般案子不同的委託，心中多了那麼一份溫暖。

除了委託製作昔日回憶中的住家，還可以把舊宅的一部分，比如牆壁拆下一塊，放進這組懷舊模型裡，更添紀念價值。要是再加上當時自己的愛車模型，那根本就成了自己專用的微型博物館了。凡走過必留下痕跡，驀然回首，這模型總能讓自己回想起那時候全家人聚在一起吃晚餐的樣子，家人的笑語、煮的菜香，所有回憶一股腦湧上心頭。看著模型，隨時都能帶給自己當時的幸福。

就算不用在舊屋模型上，也可以把舊宅子的一部分挪到新家裡來；比如當年花大錢訂購的白色木質大門、鎮守在凹間的床柱，如果是很有歷史的住宅，那大概是雄偉的橫梁之類的。將那些能帶給自己回憶、有感情的部分放進新家，不用多，把回憶帶著走，只要一小部分就足夠。

60歲蓋房子，請找信賴的建築師

有一次，我太太打算換個髮型，就拿著流行雜誌當作參考上髮廊去。……過了一會，她頂了個像昭和初期的少年才會留的髮型回來，看來是去了超市附近那間特別便宜的美容院。聽說剪的時候用了像是把頭髮挑起來的特殊剪法，所以收費還比標價高了不少；不過這剪出來的樣子卻像是不管頭髮原本怎麼長的通通剪下去……怎麼說呢，無以置評啊！而且原本我太太是打算剪個短髮，這一剪完變成了超級短，想去其他美容院補救一下都沒得救。

之所以說這個故事，是想表達「拜錯神，不如不拜神」。即使達成了剪短頭髮這個目的，卻無法獲得應有的滿足感，做事要用正確的方法、託人最怕所託非人啊。

蓋房子也是同樣道理，例如窗戶的高度位置剛好，坐在書房的椅子上往窗外一看就能看見海平面彼端西沉的夕陽；洗臉盆的高度要剛好，這樣洗臉的時候水才不會順著手臂流到手肘。扶手的尺寸要剛好符合自己的手掌大小，材質不要是一摸上去就冷冰冰的玩意；想要讓家裡的一切擺設都能順著自己的意思來，這就是需要專家登場的時候了。

活到60歲，這60年分的經驗及知識累積下來，自己應有自己的一套規矩、有自己的見解。

要是人家花上一兩個小時弄出個格局圖問你感想，你大概會覺得「我活了這60年，好像就這樣被唬弄過去似的」對吧。在這種狀況下，比較理想的方法是去找專門建築住宅的建築事務所，委託建築師來幫你量身打造。他們會理解你個人的知識、期望，不斷修正草圖，享受並透過彼此的對話持續思考、提出提案。

不過話說回來，像「60幸福宅」這樣格局簡單的房子，能變化的部分並不多，交給技術好的小包商其實也就夠了。

格局基本上都是正方形構成的

當你想要設計自己的住宅時，我建議先去買方格紙或是有畫有格子的筆記本，在上頭打草稿當然，只要有台電腦，誰都可以畫出漂亮的隔間設計圖，不過首先還是先從將腦海裡頭的印象畫在方格之上開始。用鉛筆將意象化為文字與圖案，一邊畫隔間加上家具等，自然而然地腦海裡的印象會更為明確且具體。

剛才講要畫圖這點，其實是我自己工作時使用的方法。雖說這年頭幾乎什麼都可以用電腦搞定，但我有個做網頁設計的朋友告訴我，他平常準備設計新網頁時也會先用鉛筆跟筆記本打個草稿才動手；如此說來，我這做法也不能算是錯的。

那為何要用方格紙？這是因為隔間在規劃上是以「一邊91公分（９１０ｍｍ）的正方形組合而成」，而這個不上不下的９１０ｍｍ其實也有它的意義存在。９１０ｍｍ是「３尺」、乘以二是「１８２０ｍｍ」，也就是所謂的「一間」，這兩者都是建築業界自古以來用慣的度量衡單位。

實際動筆畫圖時，基本上會將榻榻米一張、廁所、櫥櫃用兩格，不帶轉彎的直線樓梯用３格表示，浴室用４格、６帖的房間用12格、８帖的房間用16格計算；這些可以拿自家的隔間先做練習試試看。

用正方形互相組合，便可輕鬆畫出隔間圖。

空調所帶來的高氣密、高隔熱

高氣密性、高隔熱性的住宅有個別名，叫做「保溫瓶住宅」。現在日本國內正統的保溫瓶住宅已經很少見，但是只要是知道保溫瓶住宅好處的那個世代，大概都會直接聯想到「要是住家也能有保溫瓶那種特性的話」，進而對這個別名產生共鳴。

作為高齡人口對住宅的性能訴求，首要就是「溫暖」。簡單來說，在建築物外牆的表面填入高隔熱性能的材質，牆壁內形成一層高氣密性的隔層，就成了高氣密、高隔熱性的住宅。不過這得先將室內弄暖和了才看得出效果，室內得先用暖氣或暖爐之類的器具提升溫度之後，就可以感受比過往更有效率的長效保溫效果。

不過保溫瓶住宅也有其原理上的缺點，如果你不將室內溫度拉高，那不論冬天室外的日照再怎麼強，屋內還是十分寒冷。到了夏天，入夜之後仍會因白天的高溫無法排出而導致室內不舒適；簡單來說就像是夏天穿上羽絨外套那樣，不知道有沒有比較好懂（當然，這時候只要開個冷氣馬上就會舒服很多）。

如果懂得善用高氣密、高隔熱性住宅特性的話，這種房子住起來是非常理想且舒適沒錯，但這建立在屋內有裝空調的前提之上。最為理想的住宅應該像是夏天穿T恤、冬天穿羽絨衣這樣冬暖夏涼的房子，不過這種房子可沒那麼好蓋。

以現代技術來說，用普通的材料蓋一般住宅，就能達到中氣密、中隔熱，和20～30年前的房子比起來，這已經算是相當溫暖了。但要做到高氣密、高隔熱，除了看你還有什麼額外的要求之外，再來就是看施工單位的技術及經驗了。以前我聽過比較特殊的狀況是濕氣困在室內導致屋內受潮，不然就是花了大錢卻沒能收到相符的保暖效果。2020年起，日本法律規定所有的新建住宅通通要有「高氣密性、高隔熱性」，但在目前既然尚未受法律規範，就還有考量空間，應該多衡量一下。

稍微挑高的天花板帶來氣派感

旅館大廳和餐廳的天花板都做得高高的，看起來非常舒服；這原因是因為讓視線所及不會一眼就看到天花板，使得人處於室內不會覺得有壓迫感。同樣的道理，那些電視台拍戲的室內景都不做天花板的，這樣可使整體空間感覺比較明亮且有開放感。

再來看看電視台採訪名人貴婦的那些節目，屋內有吊燈、有古典沙發、有裝飾用的鏡子等營造出洛可可風格，看起來是很有SENSE沒錯，但總覺得有種讓人喘不過氣的感覺。這是因為房子本身天花板的高度與一般公寓無異，相對於豪華的平面空間，在縱向的立體空間這點就顯得失色許多。

日本房屋的一般天花板高度為2400mm，近年為了配合日本人體格的變化，變成以2500mm為主流。至於重視開放感的60幸福宅，則設定為3000mm。

以建築基準法來講，客廳、餐廳、書房、寢室等「基於居住、作業、娛樂等目的，持續性使用的房間」被劃分為「起居室」，天花板高度必須有2100mm以上。理由是如果低於這個高度，則對健康會有影響。至於廁所、浴室、走廊因為不屬於持續性使用的空間，不受此限。

那2400mm這個數字又是怎麼來的？理由大概有兩個，一個是建築法規的高度規定，另一個是材料的規格限制。

日本人重視日照，在考慮住宅格局時，日照採光總排在優先順序高的那個。話雖如此，好不容易蓋了棟重視採光的房子，南邊突然冒出一棟巨型大廈馬上就把你的日光遮住，那種感覺真是有夠哀傷。也因此，建築基準法針對每個區域的建築物高度都有規定，位於店鋪較多的商業區，那房屋高度就可以高一點；位於住宅區，那高度就不能超過規定的數字。

另外還有一條，只要是跟道路相接的土地都有所謂的「道路斜線」。這條斜線指的是根據土地與道路接觸的那一面寬度，建築物那一端會有一條相應的斜線，而你的建築物高度不可以超過這條斜線。同時，還有一條「北側斜線」，一樣是限制建築物高度用的。根據這些規範、限制，在不犯規的範圍內若是想要蓋個兩層樓高，那天花板高２４００ｍｍ算是剛剛好。

剛才提到第二項理由，是材料的規格。樑柱這些材料要是長度太長，貨車就無法搬運，或者是載上車卻過不了彎。於是一般柱子的長度都是三米以內，至於蓋兩層樓的住宅所用的柱子，則基本上多是以三米柱堆疊兩層去處理；這樣扣掉地板天花板厚度，剩下的高度大概就是２４００ｍｍ。至於前面提到最近流行挑高到２５００ｍｍ，那是用人造板這種堅固的材料，然後再加上將屋頂斜面閣樓部分做得扁平些，去調整這１００ｍｍ的高度。

不過啊，既然想要蓋一棟有開放感的房子，那何不直接將天花板打通做挑高呢？理論上這想法是正確的，但打掉天花板挑高的結果會變成你的屋頂有將近六米高，每次要換燈泡燈具、打掃窗戶什麼的都十分麻煩不說，再加上考量這種狀況下的冷暖氣效率，我只能說是我就不會這麼做。而且這麼做最可怕的隱憂大概是耐震性，日本近年連地板都流行做耐震地板，這樣對橫向的搖晃雖然比較有抗性沒錯，但別忘了這棟房子沒有二樓地板的支撐，如果來個橫著搖的地震，很可能導致所有壓力集中在同一個部分。

講了這麼多，到底最理想最舒服的天花板高度應該要多高？我個人東想西想，得到的結論是3～3．5米最好。這高度的話對天花板的養護只需要一座1．7米高的梯子就能輕鬆搞定，牆壁內層使用的石膏板規格是1820mm×920mm，縱向貼個兩片留下的空隙少，這樣整體建築成本也能壓低些。

天花板高有個3米的話，就算是只有6帖大的小房間也會覺得比實際來得寬敞，住起來比較舒適。在天花板附近裝個窗戶，採光就能照到房間深處；住在裡頭的人平視視野也不會直接瞥見天花板，住起來的開放感跟在戶外差不多。

如果用農地蓋房子

想要在田園風景環繞之下度過下半輩子、為了讓小孩能自由成長想搬到鄉下、為了從事創作活動需要安靜的環境；每個人對於想搬到鄉下這件事情的理由都不一樣，但是在付諸行動之前，最好先在鄉下租間空屋，實際住上個幾年會比較妥當。

所謂的鄉下，其實直到今日仍留有許多外人不得而知的規矩。村落裡經常有各種集會、大家非常重視團體、合作、協調；要想活在彼此互相扶持的圈子裡，就得跟其他人一起流汗、一起付出。再說，當田裡的水位高了，那此起彼落整夜不停的蛙鳴聲，對於我這種從小在田間長大的小孩來說是再自然不過沒錯，可是對於女性或是討厭昆蟲的人，這就是個難以忍受的問題。同時因為鄉下的水田比例高，隨之而來的各種蚊蟲更是不在話下。

若撇開上面這些問題不看，鄉下是非常適合居住的。有雞鴨在庭院裡昂首闊步，有小溪流水潺潺而下，鄰居大嬸還會拿幾把剛採來的新鮮蔬菜來串門子，野豬、猴子、鹿這些野生動物也都不再是動物園或網路才看得到的存在。這種與鄰居、與大自然的親近感，真好。

如果自己的生活方式與鄉下相去不遠，那再來考量蓋個什麼樣的鄉村大院。首先，為了活用大坪數土地，設計時房子就直接蓋成單層平屋，還可以在平屋廣闊的屋頂上搭起太陽能面板。接著把天花板挑高、屋簷的突出部分盡量做長做深一點，這就是所謂「建屋立宅，首重夏日宜居」（譯註1）的設計理念。上面裝氣窗、下面裝地窗，便可享受田間微風陣陣送涼。

玄關大門採用雙扇拉門，內設土間，地板鋪上那種跟阿婆大嬸常穿的工作褲顏色相近的土色地磚。用長矮凳取代一般的式台（為了製造玄關土間與室內墊高地板之間高低差而做的一層階狀構造），要是從玄關的土間能直接一路走到廚房去，那就算手上拿著沾滿泥土的白蘿蔔也不怕弄髒地板，非常方便。

譯註1：見吉田兼好法師著《徒然草》第55段。家の作りやうは、夏をむねとすべし。與清少納言的《枕草子》、鴨長明的《方丈記》被譽為日本三大隨筆之一。

讓都市土地解除壓力的方法

想要家人跟小孩身體健康頭好壯壯，挑選優良的住家環境是必須的。話雖如此，每個人對所謂的「優良住家環境」定義卻是千差萬別；有些人喜歡購物便利的車站附近，也有些人比較喜歡在郊外圈上一大片廣袤土地，悠閒自適地過自己的日子。

總之，沒有哪塊地是100％完美，只要是塊地它就一定有長有短有好有壞；剩下的就得靠建築物的設計跟巧思去補足這塊地的缺點、發揮這塊地優點。對建築師來說，這也正是他們一展身手的時候；如果是都會區的土地，因為能利用的建地小、形狀偏狹長，還常會碰到旗竿地（譯註1）這種特殊狀況。住在都會區很難避免自家與鄰家房子緊貼在一塊，這種窄小擁擠的氛圍自然而然地成了都會住宅特有的壓力來源。

在人口密集的都會區，人們對於領域、地盤的觀念就像水裡的魚那樣強烈。因此，設計住家建築時，需要特別注意設計，讓彼此保持良好的居住距離。拿住家的大門口來舉個例子，電鈴、對講機這些設備不該裝在自家建築的主體上，而是在玄關大門外多裝一道門，將電鈴、對講機裝在外面這道門上；如此，外面這道門在心理上可以當作玄關的延伸，讓心理上的距離變得較為寬敞。

這扇外層大門，不光是屋主心理上的寬敞感，同時也會讓外人的心理產生一種距離感。為了不讓外人覺得可以輕易跨過這扇大門，大門的高度基本上應該要比人高。為了對小偷匪類起遏阻作用，大門的造型應為柵欄狀，以便從家中可以直接看到門外的動靜，間接造成外人心理上的壓迫感。大門兩旁可以設置有錄影功能的視訊對講機跟郵箱，要是郵箱設計成可以直接將郵件送進室內的造型那就是更好不過。

一般上班族如果在都會區買地，面積大概是30坪大小。如果想要設計成能停兩台車、一家四人可以住得舒舒服服的房子，那恐怕就沒地方可以做為庭院使用。為了緩和這種空間上的壓迫感，最理想的處理方式是在與鄰家及道路邊界的內側架上金屬網架當作圍牆，然後在網架邊上種植植物綠化自家環境。如果沒有辦法做到這樣，也可以考慮在自家建築主體的外牆

（所謂的 high wall）上用植被覆蓋，製造綠化牆的氛圍。在牆內側來看，這是完全私有、不需要在意周遭觀感的空間，所以不必顧慮鄰居的眼光，在牆內烤肉、放塑膠泳池嬉戲都不成問題。

預算上若有充分資金，建造地下室也是個不錯的選擇；地下室的環境終年可保持一定溫度，夏天涼爽，冬天也不至於太過寒冷。同時要是建築設計有地下室，容積率（相較於土地面積，整體的多少百分比可作為建物使用）也可稍微放寬一些，要是不幸碰上建地狹小、容積率只有100％、最高只能蓋兩層建築的狀況，地下室會是非常有效率的選擇。

譯註1：指俯瞰像旗竿形狀的畸零地。

整理要是做過頭……

最近大家流行「斷捨離」，更甚者還出現了所謂的「極簡主義者」，標榜不被世俗事物所左右、不隨波逐流，一心追求心靈上的滿足，只要認為是不必要的、多餘的東西二話不說馬上排除在自己的生活之外，是種特別的生活方式。

如果有機會見識一下他們的住居，那只能用「空房間」來形容。一般來說這些極簡主義者大部分都是只需要有紙啊筆啊電腦啊這些道具就能工作的自由文字創作人士。極簡主義者有不少名人，他們大多都宣揚「這並不是一種節約，而是盡可能減少身邊的道具、物品，這樣才能專心在工作及興趣上，進而提升自己的生活品質」。

看來以發表、演說出人頭地的人們對於將自己品牌化、推銷自己、建立價值也是頗為在行；在我看來，這種人就像是跑全馬跑得不過癮轉頭去跑三鐵，三鐵玩不過癮還挑戰超級鐵人競賽，這樣才會覺得有成就感。這些人已經超越了普通人的境界，到了職業運動選手那樣清心寡慾的地步，簡直就像苦行僧一般……

我們的日常生活經常會遇到各種狀況，為了預防萬一，每個人對於突發狀況都該有一定程度的抵抗能力。想像一下，要是哪天便利商店、宅急便這些都停擺了會怎樣？基於這種預防性的思維，我認為人們應該隨時做好最低限度的準備。再換個角度想想，你想蓋房子，但沒有工具你這房子拿什麼蓋起來？就算有鑿有刨有槌有鋸，光靠這些工具蓋一棟房子要花上多少歲月？但若換做電動工具，蓋棟房子只需要幾個月就能完工。

生活用品要在你靈光一現，想要用到它的時候就能馬上拿到它，這才是最理想的狀況；所以我認為「稍微整理一下才是最方便的狀態」。房間亂糟糟的當然不好，但「房間擺設有點雜、充滿了有人居住的感覺，但並不至於亂得很難看」才是最棒的。那種去蕪存菁的大掃除式整理法一年只要做個一次就很夠了，再加上經年累月後，真的會用到的東西自然會慢慢減少；只要稍做思量取捨，一個人生活所需的道具大概只要一個大抽屜就搞定了。說著說著，突然覺得自己好像也有點極簡主義者的味道了。

房屋要物盡其用才是真正有品味

一般房地產的展示間或是旅館飯店的房間給人的感覺都是「漂亮、有格調」，但這其實是出於室內擺設中的生活必需品很少所造成的結果。

我有個朋友，就住在這麼樣一間「沒有生活感的家」裡；有次我們應邀去他家吃晚餐，大家圍著桌子坐成一圈，倒了氣泡酒彼此乾杯。其中一個朋友不過是把杯子直接放在桌面，就看到屋主急急忙忙跑去廚房。只見他將友人直接放在桌面上的酒杯挪到個人的小桌墊上，又把古董桌面上的水滴擦乾，最後像是確認工藝品的完工狀態似地還歪著頭從旁邊看桌面的光澤是不是完好如初。大家用過的餐具他也是馬上就拿去洗乾淨、忙不迭地放入碗櫥。吃個飯搞得眾人緊張兮兮，一點也沒有被人招待的感覺；他的匆忙舉止一點也不優雅，讓大家都不愉快，他自己八成也累得個半死。

就我而言，比起這種生活方式，我認為稍微有點凌亂卻又能凸顯屋主格調的住家才算是真正有品味、有自己的風格；那會讓人覺得「這屋主確實活用了自己的居住空間」，有實用性才是好的。

瑞典家具大廠IKEA的展場展示間裡有「常見的格局」，這些都是他們用自家產品搭配出來的「樣本房間」或是「展示住宅」。這些展示樣品都與一般的日本房屋尺寸相近，如果整套買下來照樣佈置，也可以在自己家製造出同樣的氣氛。

每個房間都掛著「2LDK、54平方公尺」、「1K、12平方公尺」這類展示牌，房間裡多少都有些看起來隨意擺放的雜誌、報紙，或是在冰箱與牆壁之間會插入一座收納用的棚架，處處可見讓實際生活變得更美更有情趣的巧思。講得誇張一點，這些樣本住宅的品味，甚至會讓人想在此舉辦兩天一夜住宿行程；撇開這些樣本給人的生活品味跟格調不談，來自北歐的家具在設計上也巧妙得令人讚嘆不已。

建築家路易斯・蘇利文說：「形隨機能而生」。的確，如果機能發展到極致，那麼就美感而言也會隨之增色。這樣講或許有點過頭，但我認為若是必要的道具都放在適當的地方、同時每樣道具都充滿著機能美，那整體自然就會達到完美的調和。

淺談纖維素纖維（cellulose fiber）

東洋醫學的病理觀念當中有個名詞叫做「未病」，指的是「雖然還不算生病，但漸漸變得越來越不健康的狀態」。手腳發冷、身體產生倦怠感、胃腸不舒服等等，隨著年齡增長，身體的機能也隨之退化。要改善未病，就得從生活習慣做起，將身心狀況調整到接近原本應有的狀態。

退休前工作操勞忙打拚搞壞了身體，何不趁蓋新家的機會讓身體狀況也獲得改善？為了讓身體狀況改善，其實如何讓住家變得更能讓人覺得安穩是很重要的。照明亮度保持在1百～2百lx，如此不容易造成眼睛疲勞；牆壁表面塗上一層能適度調整室內濕氣的珪藻土。珪藻土在夏天有吸收濕氣、在氣候乾燥的冬天有釋放濕氣的效果。廁所的牆壁採用ECOCARAT這種磚型壁材，不但可以吸收濕氣，還能吸收異味；藉由以上這些手段，採用新式隔熱材質來達到保持室溫舒適的效果。

另外我個人會推薦使用纖維素纖維，纖維素纖維是以報紙、瓦楞紙、木材為原料的木質隔熱材。原料既然出於木質纖維，最終而言對自然環境所造成的負擔也就比較小；要是將纖維素纖維粉碎、顆粒細緻化，再加上硼酸系藥劑，在牆壁中間確實鋪上一層纖維素就可以達到極高的隔熱效果。同時木質纖維本身有吸收、釋放濕氣特性以及防霉抗菌效果，對抗害蟲也有一定程度的效果，比較不容易得氣喘、皮膚炎。

除了以上效果，纖維素纖維鋪滿整面牆的話，還能達到極高的隔音效果。在機場周圍、自衛隊基地附近那些噪音問題比較嚴重的地區，大多都用上了這種材料。施工一坪單價大概在2萬到3萬多日幣之間，CP值算很高；搭配雙層窗或是比較厚的窗簾，甚至可以製造出靜謐如無人森林般的環境；要是能製造出這麼安靜的環境，離理想的舒適生活也不遠了。

外牆內側鋪上纖維素纖維的狀態。

以木材為原料的纖維素纖維。

與家具的邂逅

我有個朋友，他很喜歡家具，喜歡到甚至跑去家具大國丹麥留學一年才回來；當他在留學的時候，最令他驚訝的是當地連一般家庭都對家具非常苛求。對當地人來說，家具是用一輩子的東西，許多人連買張椅子都還要挑工匠。

的確，精工打造的家具價格不斐，但反過來說，家具是住家的一部分，同時還有著能影響居住空間質性的可塑性。要是能邂逅讓自己心靈感到富足的家具，將它帶回家共度餘生不也是美事一件？

年紀大了之後，與其正襟危坐跪坐在坐墊上，還是有張可以靠背的椅子坐起來比較舒服；為了追求坐得舒服，不辭千辛萬苦四處尋找屬於自己的那張專屬寶座，好像不失為一個好主意。一邊想著不知道這間旅館的床睡起來怎樣，一邊進行探索極致床墊之旅聽起來也不錯；說到底，椅子床墊這類道具畢竟是每天要接觸的東西，若是能找到與自己契合的家具，定是人生樂事一件。

比如說將牆上的時鐘換成有鐘擺的掛鐘，聽著低沉規律的鐘聲沁入心底，或許能感受到時光的流逝變得緩慢沉靜。書房裡若是擺上一張骨董桌，總覺得會突然想喝加冰威士忌或抽一根雪茄；家具的存在，充分蘊含著這種發現新大陸般的可能性。

就我個人來說，我喜歡在住家內設置懸掛衣物的掛勾，那會讓我覺得這家人懂禮數講規矩；如果掛勾設在玄關，有訪客時也可以讓訪客掛外套，不至於製造其他麻煩。如果在房間裡有掛鉤，那外出工作用的服裝與在家穿的居家服也能分得一清二楚，給人井井有條的感覺。

該買透天厝還是公寓

有一次，我去友人家作客，他住在一處有四百戶的大樓社區；到了約好的時間，我人站在他家社區大門口，左等右等就是不見他人影。入口管理室的歐吉桑看到我站在門口，不停地打量著我；這公寓大門用的是自動上鎖的門，我一個外人站在門口沒人帶領是不可能進得去。在這種進退兩難、我又不好意思開口說「我不是什麼可疑人物」的狀況下，也不能到處亂晃，只能眼巴巴望著公寓那扇等不開的大門。只能說，大樓社區的安全措施真是可怕。

等了一會兒，總算盼到朋友走出來。他兩手提著垃圾袋，一邊說要去趟垃圾回收場，一邊三步併作兩步趕著去扔垃圾；看他頭也不回地走，我也跟在他後面走向回收場。

公寓專用的垃圾回收場的好處，在於你隨時可以把整理好的垃圾拿去扔；反過來說，每次丟垃圾都得搭電梯上上下下也是件很麻煩的事情。我心裡想著：「拿著垃圾袋在電梯裡跟鄰居打招呼這不太像話，要是自己習慣了這種沒教養的樣子那更是可怕。」一邊想著，一邊搭著電梯抵達朋友在九樓的公寓。

站在玄關前一打開門，一陣風呼地穿過整間房子撲面而來。在九樓高的地方通風果然良好，沒有什麼會擋住視野、遮蔽空氣對流的東西，涼風陣陣吹在身上甚是舒服。這時候我突然意識到一件理所當然的事情，原來公寓這種建築其實是另一種型態的平房啊；上下都靠電梯出入，在某種意義上來說，這不像獨棟住宅那樣，與外界是沒有牆壁圍籬這些隔閡的。站在年邁夫婦的立場來說，這種大樓住宅或許也是不錯的選擇。

朋友家裡的沙發正對著陽台，坐在沙發上，往陽台看出去可以眺望遠處的江之島。「坐在這裡可以看江之島的煙火下酒啊」，朋友一手拿著吉他，一邊得意地說。說起來他從學生時代就喜歡彈吉他，還參加過好幾次業餘比賽；聽他說下次要在親戚的婚禮上高歌一曲，最近正在接受聲樂訓練。看來還是那副老樣子，要做事就要做滿做好的個性一點也沒變。

不知道是不是聽到了吉他聲，朋友家的小男孩從自己房間啪噠啪噠地跑出來；朋友一邊斥責小孩不准跑，一邊解釋「樓下鄰居聽到聲音會抱怨，不這樣罵他兩句實在不行」。這麼一說，我才注意到剛才朋友彈吉他的聲音也特別小；屋內一角有個鳥籠，籠中小鳥啾啾地小聲叫著。想到這邊，我不禁覺得這隻鳥其實是公寓禁止養貓養狗規定之下的替代品。

這位朋友是做室內設計的，他家的碗櫥跟桌子都是他自製的非賣品，尺寸設計得剛好可以完全符合空隙。照理說他應該是很擅長打造整個系統廚房的，卻由於公寓在法規及構造上的限制，令他不能大展拳腳。

另外，因為朋友的工作緣故，使得他得兼任公寓管理委員會的理事；由於這棟公寓已經有12年以上的屋齡，接下來需要進行大規模整修。他說：「要聽取四百戶住戶的意見，還得確認修整的部分跟金額，這工作實在煩死人了。」

聊著聊著，我想起阪神・淡路大地震之後住在分租公寓那些倖存者的故事。雖說房子沒倒沒垮讓他們幸運活過了大難，而自家建築的樑柱有些毀損龜裂，如果補強一下或許還能繼續住。可是有些住戶認為「與其如此不如整個打掉重蓋會比較安心」，搞到重建派和補修派彼此意見對立；吵到最後決議採取重建派的意見，而主張補強的住戶當中有些人因無法負擔房屋貸款，最終只能選擇賣掉房子移居他處。

有人說購屋是人生當中最大筆的採購活動，沒想到買了房子之後，居然得和那麼多人一起做決定比輸贏，討論自家房子的存亡，不禁覺得買大樓社區的房子是個風險極高的賭注。不同價值觀、不同家族組成的人們一同住在同一個屋簷下，凡事都需要彼此互相忍耐妥協。更別說一般人這個房子一買下去之後不太可能說搬就搬，著實不是一件簡單的事。

回家的路上，走在河邊，看著河裡的魚跳出水面；一邊不經意地看著，腦裡想起了魚對於踏入自己領域的侵入者會立刻發動攻擊將之趕出自己的地盤，毫不留情，這大概也是基於要是彼此距離太近，生活一定會受到影響而採取的行動吧。

對人來說也是一樣，要不是特殊理由，彼此生活上都有一段不願意被侵犯的距離。這個距離並非一牆之隔，而是至少要有一間房子的長度；如此說來，就如伊索寓言裡的鄉下老鼠，最好還是自己蓋一間獨棟住宅比較合適。

還是透天厝比較好

當我家房子蓋好的時候，我家女兒差不多剛好在上小學。

那時候我開的是一輛完全不顧主人死活、隨時隨地引擎都能熄火的紅色中古 Mini Cooper（正確來說應該是以 BL Mini 1000 為基礎然後掛上 Austin Mini 牌子的復古車）。

拜這輛車所賜，我練就了臉上掛著笑容推著車子往前走的技術；車廂裡隨時擺著一整套修理用的工具，雖是如此，但這小巧可愛的造型實在令我難以割捨。開起來就像 go kart 般靈敏，外型看起來嬌小，內裝卻意外寬敞；停在購物中心的停車場，和旁邊的小型汽車一比，將那些原本屬於小型車的車款襯托得有如龐然大物，那景象實在是很有喜感。

有次我曾讓女兒坐在車頂、我坐在駕駛座、我太太坐在副駕駛座，背景則是快要蓋好的自家住宅，拍了一張打算用在明年賀年卡上的照片。

住宅跟汽車一樣，有了自己的家、自己的車，自然就會產生感情、好好珍惜。因此就算只是一張掛在牆上裝飾的照片，也需要經過再三思考。或許你會覺得「啊，反正是自己家，照片掛哪裡都無所謂啦」；不過要是多下點工夫，不要直接將照片隨便一貼黏得到處都是，而是像電影裡那樣裱框裝得美美的看起來就很漂亮。以前蠻不在乎地粗手粗腳、隨手甩上門，這些行為在投注了心血的自家住宅裡都不再上演。以前老嫌麻煩不想動手，洗浴室、廚房除垢、掃廁所這些苦差事，現在也都變成全家人分工合作的家務事。庭院裡頭雜草叢生的景象已不復見，取而代之的是一邊拿著園藝書籍一邊種花蒔草的家人。這一切都是住在公寓時無法感受的，換句話說，住家可以成為一股積極影響住戶的力量。

第6章

真的要蓋一棟房子有哪些工作

HOUSE

這樣的人應該能在負擔不重的前提下蓋房子

想要在不造成太大負擔的狀況下蓋一棟60幸福宅，最好是能充分滿足以下條件：

1 準備好建地
2 目前手上沒有任何房屋貸款之類的借款
3 擁有足以建屋程度的儲蓄金

其中第一項，說簡單點就是目前已經有獨棟住宅，或是另外買好土地的人。現代社會中小孩長大之後離家工作，最後老家變成了空屋這種狀況越來越常見，換句話說，一般上班族能滿足這項條件的人還滿多的；另一方面，小孩離鄉工作、成家立業後，留在家鄉住獨棟老家的老父老母也滿足了這一項條件。

當然，根據個人狀況及當下的住居條件，也可以考慮直接購買土地和建築物；這種選擇常見於住在都會區公寓的人想要換個環境，將自有的公寓賣掉搬到郊外或人口較少的地區居住等狀況。

至於第二跟第三項條件，畢竟要考慮到就算房子蓋好後日子還是要過；為了保障生活所需的資金無虞，最好還是要留著老本。假設60歲的成人有留了些老本的前提之下，那他能提出的現金上限大概在5百～1千萬日元左右，這樣的話，可以考慮用房屋貸款補貼一部分的金額。要注意的是，房屋貸款通常在80歲前必須還清，以60歲開始起算的話，得做好在20年內全額償還的計畫。

申請房屋貸款，包括指定的團體壽險、過渡貸款、手續費等等各種費用加起來，大概得多支出30～50萬日元，但這同時可以拿來當作人壽保險；不失為一項好處。利息的話以日本2016年2月的利率來看，房屋貸款的利率比其他金融商品來得低上許多，這麼低的利率大概很難再碰到，考慮建構住宅時申請房貸或許是可以納入考量的選項之一。

計算下來，全額貸款這數字太大，到時候恐怕償還負擔太重，我是不太建議這麼做，若是「盡可能以自備現金」支付，不足的部分則以「大概可以買一輛高級車的金額」去申請房屋貸款，或許是比較實際的選擇。

養老的資金大概需要準備多少？

之前在第3章提過，要蓋棟60幸福宅，建物主體本身的建築費用為1千萬日元；再加上庭院、裝飾及其他所需費用，粗估大概也要1千2百萬日元。蓋房子用掉這麼大的一筆錢，接下來該擔心的就是之後的晚年生活會不會有經濟吃緊的問題。

藉此機會，我們來算算夫妻資產與退休後的生活水準等等，先在腦中預測一下未來會是什麼樣子吧。把收支等項目分得簡單一點，大概會變成下面這個樣子：

- **退休後有沒有收入來源？**
- **退休金大概有多少？**
- **年金能領到多少？**
- **個人年金與保險期滿的時間、可領回的金額有多少？**
- **是否有其他資產（股票等），金額是多少？**

順帶一提，根據日本總務省統計局2014年的家計調查資料，高齡退休夫妻一戶（僅以丈夫65歲以上、妻子60歲以上的退休夫妻計算）的月平均實際收入為20萬7347日元，以月平均支出相抵則不足額為6萬1560日元。假設60～65歲還有固定工作收入、這五年當中的收支以打平計算，則65～85歲的20年間累積的不足額約為1千5百萬日元。再加上60幸福宅的建築費，至少也要2千7百萬日元。另外還有「60歲退休」、「去住老人養護設施」等不確定因素，屆時實際的支出金額一定會受到影響；退休後會過著什麼樣的日子，腦袋裡頭還是先有個底會比較好。

出處：「平成26年家計調查結果」（總務省統計局）

http://www.stat.go.jp/data/kakei/2014np/gaikyo/pdf/gk02.pdf

要蓋房子的話委託誰好呢

委託他人建構住宅時大概有幾個選項，一般來說有建築公司、小型建商（以首購族為主要客群、將住宅連同土地一起販賣的建築業者）、中小包商、建築師等等。

所謂的建築公司指的是以全國為經營範圍的住宅建設公司，用廣告屋展示並販賣自家商品為其一大特色。公司的規模越大，宣傳費及經費也越高昂，利潤隨之走低；反之，小型廉價的住宅並不是他們擅長的領域，顯然不是建造60幸福宅的好選項。

小型建商簡單來說是建築公司的低階版本，他們以縣或是更小的地方行政區域為對象，大量供應建地及建地上的住宅。由於經營成本較低，在價格上為他們帶來了不少優勢，導致近年業績急速成長。當中也有不少業者以客製化住宅或企劃型住宅為主，小型廉價住宅的樣式也不在少數；根據需求，甚至可以提供單層平房，算是較能符合需求的選項。

中小包商主要由木工帶頭管理聯絡其他工種業者，是一條龍服務做好做滿的服務型態；近年發展到包商僅派遣自家員工到場監工、管錢，其他全由外包的從業人員動工，整體構造變成接單、監工為主的業者越來越多。這類業者的主要客層來自於鄰近地區的下級行政區劃，如縣轄市、區、村等，再大一點頂多就是到以縣為單位，與地區緊密相連為其特徵。如果是比較知名的中小包商，或許會比較清楚附近區域的住宅狀況，並可能提供親切的顧問服務。

若是委託建築師處理，那就是由建築師事務所主導整個過程，他們會向顧客提供從設計到居住性、成本管理這些都包含在內的整體提案。建築師也分很多種，有曾經手建造奧運體育館及美術館等大型建築的明星級建築師；也有像全能改造王那種電視節目裡一樣、擅長建造一般住宅的建築師，如果委託他們建造一般住宅，他們一聽到小型、廉價這幾個關鍵字馬上就能提供你各種知識，相較之下專攻住宅的建築師是比較值得推薦的選項。

說了這麼多，究竟60幸福宅該找誰蓋比較合適？就我個人而言，像60幸福宅這種單純的住宅建築，交給中小包商去處理最為經濟，且以全國到處都有人能蓋，這點來講也是最實際的選擇。在網路上稍微搜尋一下，只要是在自己居住區域周邊有不錯的工班，挑個兩三間探探狀況應該就能找到自己想要的答案。

另外若是以60幸福宅為基礎，另外想要追加各種設計的話，委託建築師可能會好一些。建築師的創意豐富點子多，顧客要是堅持自己的要求，想必建築師也會絞盡腦汁提出能讓顧客滿意的提案。

至於建築公司及小型建商，有時或許可以找到願意承接低價住宅的公司；若有與60幸福宅條件相近的產品，與中小包商相較之下或許價格還可能稍微低一些，在沒有其他更好選項的情況下或可一試。

如何尋找合適的建築師

找建築師來建造自家住宅，最少也要花上一年左右時間。當你喜歡特定建築師的風格，在你想委託他接案之前，最好是多和他見面談個幾次，確認彼此是否真能合拍。

選擇合適的建築師，就像戀愛與結婚的關係：「戀愛對象與結婚對象是不同的，應該選擇可以一起度過往後的人生、值得結婚的人才是理想的結婚對象」。這項法則在選擇建築師也是通用的，要是不能找到一同共享建築過程的對象，等完工之後住起來的感覺也會大大不同。

說起來，建築師該怎麼找、怎麼選才對？最省事的辦法是上網用建築預定地的所在城鎮名稱，加上建築師或建築師事務所當作關鍵字去找。之所以用城鎮名稱當作關鍵字，是因為要是建築師的事務所離現場太遠，到時候監工會非常麻煩，所以還是近一點比較好。最好是不要超過單程開車一個小時的距離，這樣彼此溝通才不會太過麻煩；對於實際施工的中小包商業者也是一樣，距離不宜太遠。

當你的搜尋畫面被一整列的建築設計事務所填滿時，再加上「住宅」、「平房」等關鍵字縮小搜尋範圍，那麼大概就能將搜尋結果減少許多；再從這些篩選出來的選項當中挑個三間實際交涉一下，每間跑個三趟，結論自然就會生出來了。這建築師的年齡要是跟自己相近的話那是最好不過，年齡相近的人對住宅本身的不滿以及身體健康的特殊需求等等會比較了解，這樣談起來也比較能切中問題核心，提出最適當的提案。

要是把自宅的建案交給有名的建築師處理，那事情又不一樣了。極受歡迎的建築師本人通常是大學講師或主要經手大型企劃案，這類個人建案有時甚至會直接丟給自己的學生撒手不管，所以事前的確認就變得非常重要。

最近在網路上還出現媒合建築師與發案主的網路服務，在參考過建築師實際經手的實例後，再向有興趣的建築師接觸；或是在網路上直接提問，再由建築師回答，這些方便體貼的網路服務也是種有趣的功能。

如何與建築師愉快相處

建築師這種人，其實就和專門製作訂做套裝的裁縫師一樣。如果顧客的要求是「跳舞的時候背影看起來要優美」，那他就會問清楚顧客的興趣及需求，連手指甚至是指尖都量得分寸不差、從數百種的材料當中選出最適合的材質，製作出獨一無二的「貼身感」。

同樣地，聽取顧客的要求，規劃出有著機能美、堅固耐用且舒適的住宅，就是建築師的工作。

偶爾，也會碰到像是跑去大賣場揀便宜的人，提出「只要能住就好，總之算便宜點」等要求，那類的要求會被建築師慎重地回絕掉。

能節省建築費用當然也算是建築師的本事，但那是考量過居住性、甚至是委託人的周遭環境以及將來的生活方式等之後，提出最理想的綜合方案。如果不是願意溝通、理解彼此狀況的委託人，跟建築師這一來一往之間只會造成彼此的不幸。

還有一種令人頭疼的業主，他們會拿些過去的成功案例向建築師主張「一定蓋得起來」，這種人在比例上以有點身分地位的長者為多，但也曾有不斷告知這類委託人，按照這種設計會變成違建，之後軟硬兼施最終說服成功的案例。

年紀增長之後，得到新知識或新情報的機會漸漸變少；若能傾聽業主的聲音、互相激出創意的火花，對建築師來說也是一大樂事。

從規劃到建造的流程【委託建築師】

委託建築師這件事情對一般人而言心理還是會稍微有些抗拒，對一般人來說他們會誤以為這種選項聽起來像是不顧預算數字而純粹追求自己的藝術美感。實際上，我的事務所在接到詢問電話或電子郵件後，是以這樣的方式處理的：

從第一次見面一直到最後交屋為止，平均算起來彼此大概會相處一年左右的時間。這份工作像是訂做衣服似的追求各種細節、不斷確認客戶的需求；雖然非常耗時，實際完工的結果卻是能符合委託人要求的理想房屋。

1 見面

首先約好時間，請委託人到我的事務所來露個臉。理想的狀況是委託人全家到齊，一邊聊天、談彼此的興趣，一邊了解這家人的詳細要求以及目前住居的問題等等。若是委託人帶著需求清單或是雜誌剪報之類的資訊，便能談論得更詳細、更具體。當建築師理解委託人的要求後，會簡單做個速寫，畫出顧客理想中的住宅印象；根據預算金額，判斷是否有可能實現他們的要求。至於委託人要注意的則是自己的預算是否能負擔得起理想中的建築，以及是否能和眼前的建築師溝通、相處一整年。

2 設計委託契約

兩邊見過幾次面，認為能談得來、有辦法走得下去，才開始談簽訂委託契約。在業務委託契約書裡頭明定建築師的工作內容、設計期間、實際施工期間、業務的報酬金額、支付方法等等。而委託人在簽下去的那一天起就正式成了建築師的客戶。

3 調查

終於走到了要開始設計的這一步，首先事務所要做的是對預定地的調查。我們會前往住宅預定地，調查街道、周圍的建築、土地與道路的銜接狀況、與鄰居土地的高低差、地盤、風向、採光、電線杆的位置、瓦斯、水錶、排水的位置等等。另外還得調查法律上的各種規定，這地方能不能蓋自用住宅、土地持分的多少範圍可以蓋房子、房屋離道路的高度限制、土地北面的高度限制（譯註 1）、是否為防火空間等等，鉅細彌遺的調查，和徵信社、偵探差不多，但卻是非常重要的事前準備工作。

4 基本設計

基本設計指的是隔間、外觀的造型等部分，當建築師理解了委託人的想法及要求之後，會多方考量委託人家庭中每個人的需求及生活方式，想像他們在房子裡的每分每秒會是什麼樣的感覺和表情。包含外部結構，該佔整片土地的多大空間、在哪個位置，與鄰居的間隔與角度、家事動線、通風方向、日照角度、平面計畫、空間構成、規模、構造、成本、建築材料的耐久性與質感、內裝計畫，以及對其他角度進行分析，整合檢討再檢討，同時又要考量預算平衡內外設計，最後才能提出設計案。在這階段，一周至少要見面商談兩次，不斷討論後最終才能得到結論；由於這部分的意象難以用圖面解釋，討論中還經常得用手繪透視圖彼此溝通。

5 實作設計

當基礎設計完成，接下來就是重新檢討設計與技術兩邊的狀況，並將檢討的成果化為實作設計。窗簾、照明、外部結構等，所有包含在工程裡的項目以及工程範圍都要詳細明定，製作成施工圖面。這在整個設計業務當中算是比較耗時費神的部分。

6 建照申請

建造住宅，需要提出建築執照申請，由營建主管機關及民間審核機構進行確認查核。這項工作需要相當專門的知識，如果是委託人交給建築師處理，通常建築師會委託其他代理人處理這項工作。只要備妥必備的文件及圖面，交給剛才提到的那些機關就可以進行申請。

7 工務報價委託

接下來要選定工務單位，以便準備施工。首先得依照設計圖、報價要領、現場說明書等進行報價，委託報價這回事最重要的是對施工單位說明設計的理念及現場狀況，讓工務單位確實了解他們要做什麼。通常是挑幾間工程行再由建築師與委託人彼此商量決定，若為建築師同時主導工程的情況，也可能直接向委託人提案可靠的工程行，委託人僅需點頭答應即可。

8 確認報價單

工程行提供的報價單明細是否符合設計案裡頭所提的條件，工程費用報價的方式以及數量、單價等內容需經仔細確認。確認時得注意內容是否有重複、區分是否有誤、材料工法的規格是否被施工單位曲解等等；如果有誤，必須要求施工單位訂正改善，提供正確的報價單。建築畢竟不是工業產品，而是由許多工匠一磚一瓦堆砌而成；最重要的不是怎樣幫委託人省下任何一毛錢，而是能理解設計的理念、抱著熊熊的熱情、以適當的金額完成工作的業者才是最重要的。

9 工程發包契約

決定施工單位，接下來就是跟施工單位之間簽訂發包契約。這是明定彼此權利義務的重要契約，不能馬虎；這部分的重點在於在簽訂契約之前，必須先深入了解對方。確認工期、確認付款條件、確認火災保險等等，建築師也應到場參與委託人與承包商的契約簽訂，並適時提供意見。

10 現場監理業務

在開工之前，承包商對工程預定表、施工計畫提出各種建議，並檢討臨時建築及基礎工程的施工圖面內容等等。除了施工圖面還得確認其他檢查事項，泥作粉飾的材料、配色計畫、工務費用支付審查之類各種事務須由委託人、設計人、施工單位三方面共同定期檢視。

11 完工、交屋

外觀工程、造園工程、管路內裝工程都結束之後，工作才算告一段落。經過施工單位的自我審核後，再由建築師按圖索驥確認室內室外各項設計是否如實呈現。有問題要立刻指示處理、再次審核修繕工程的結果，再來才是交給主管機關進行審核檢查。主管機關的審核檢查是看完工的建築是否符合建築基準法、消防法規等各種法令基準。當主管機關的檢查通過，這棟房子才能合法交屋給委託人。

譯註1：在日本，土地北面鄰接的是他人私有土地或道路，高度限制有所不同。

從規劃到建造的流程【委託工班或建商】

那麼，如果照前面所提的內容，想直接蓋一棟一模一樣的房子，你也可以選擇拿著這本書衝進離你家最近的工程行；在隔間及構造簡單明瞭的前提下，其實要照著圖蓋一棟房子應該不是什麼難事。

照本宣科按著這書上的內容去蓋房子的話，報價很快、金額只要定下來沒多久就能準備好圖面、拿去申請建照，如此算下來直到開工為止的時間可以節省許多。

再者以60幸福宅程度的小面積平房來看，從開工到完工交屋大概只需要三個月左右；報價及申請建照算三個月好了，這樣加起來差不多半年就可以完工了。

建照申請可以交由工程行合作的建築設計事務所送件處理，他們是專門吃這行飯的；不過就算都叫做建築設計事務所，這規模業務也是各有千秋，有的是連住宅周遭環境提案都包在裡頭的建築設計師，也有的是專門從工程行或房仲業者那邊接建照申請業務的建築設計事務所，這部分由委託人自行斟酌即可。

開工前先拜拜

不知道你在前一棟房子興建的時候，有沒有先舉行過地鎮祭（譯註1）？如果是那種先蓋好才對外販售的獨棟住宅或公寓等集合住宅，那大概是沒體驗過這種儀式，不過難得蓋棟自己住的房子，把全家人老老小小集合起來辦場大的也不錯吧？至於預算，大概只要3～4萬日元也就差不多夠了。

地鎮祭，別名床鎮之儀（譯註2），於建築工作開工之前，祈禱當地的土地神（氏神）不要作祟，同時也算是祈求土地神允許工人動土開工的一種祭典。過去主要是由委託人（屋主）自己主事祭祀，備妥魚、昆布、瓜果等祭品，但近年有些神社專門替人辦地鎮祭維生，只要一通電話，神社的神主（譯註3）就會開著小發財車到工地，備齊祭品、架起祭壇；委託人只需要包個紅包給神主就行，簡單方便。要是碰到黃道吉日，一天跑個三、四場都很正常，算起來不是輕鬆的差事。因為四處奔波基本上又都在戶外工作，夏天曬黑的神主也不在少數。

談到地鎮祭的流程，一開始先淨手，再從天上請神降臨、以神酒奉神，上告神明要在此地起厝、屋主是誰、設計師是誰、施工人是誰等等，這些內容都會含在祝禱詞當中。

之後在工地的四面撒上鹽、酒、米等以驅邪避凶，屋主拿木鐮刀做除草的動作、設計師拿木鍬做鬆土的動作、施工人拿木鋤做挖土的動作；再由所有參與祭典的人以飾有紙垂（譯註4）的榊樹枝供奉神壇，頂禮膜拜。拜完之後請神明歸天，眾人再將奉神的神酒分一分喝掉就算大功告成。

依照神社與地區不同，祭祀方式也有差異，不過不管怎麼說，能接觸一下傳統文化總不算是壞事。

譯註1：類似台灣的動土儀式，於開工建築前先祭祀當地土地神，祈求施工平安。
譯註2：床在日文中有地面之意。
譯註3：神社的神職人。
譯註4：以特殊折法折成的長條狀紙片，其雛型為閃電的形狀，有祈福、驅邪等含意。

日本舉行地鎮祭的景象，根據地區會有風俗差異。

尋找理想的土地

要是自認為了理想土地可以不顧預算金額，那要找到理想的建地應該不成問題；可惜的是，大部分的人都有預算問題，這點很難不令人傷透腦筋。

大家都想要花最少的錢得到最好的土地，可惜，不管是網路還是一般廣告通路上所看得到的土地資訊，幾乎都沒有什麼可以期待的。我因為工作的緣故，與房仲業者常有來往，這是我根據自己的經驗所得到的結論。當然，偶爾還是會有挖到寶的時候，但多半是碰到些畸零地，要不是土地形狀不好、太窄太小、道路太窄，不然就是碰到不能再重建的問題土地。

土地的先天條件不良，或許可以藉著建築師的巧思提升居住的舒適，減少土地本身帶給住戶的不便；不過要是住戶的要求和費工的設計太多，那建築費用勢必會堆積上去，除了土地寸土寸金本來就昂貴的東京之外，這樣不管在哪裡，土地加上建造的總金額都不太可能會便宜到哪裡去。更何況，建築物本身也有折舊率（木造房屋22年、鋼構34年、鋼筋混凝土47年，譯註1），但是土地可以配合物價波動，多少分散一點這部分的風險損失。

所以說，面積廣大、形狀良好這些條件，對選擇土地時是重要的加分項目。

其他取得土地的方法還有為了回收資金而將被扣押的土地交由法院仲介拍賣競標、國家以及地方行政單位舉辦的法拍等等。不過如果不是很懂的人隨便走這兩條路一定會吃大虧花冤枉錢，不然就是土地買了卻沒辦法照當初的理想去蓋房子，算起來並不是什麼簡單的可行之道。因此，如果不是花錢找了專門經手這類物件的房仲業者或建築師當顧問，不建議一般人輕易出手。

說來說去，到底怎樣才能找到理想中的那片淨土？講穿了也沒什麼捷徑，唯一的王道就是挨家挨戶地去找房仲業者打聽。不論是傳統親民派、端出來的茶很好喝的那種不動產老店，或是以遍布全國的營業網路為主要賣點的大型不動產連鎖店，通通走進去問一問就對了。要問，當然不是問得模稜兩可，而是提出越多細節、給的條件越明白越好；最好是能自備個願望清單之類的文件，讓業者知道你是玩真的，再不然每次去的時候手上都帶點小禮物來點「銀彈攻勢」也是可以。

用了這麼多辦法，說穿了我們想要弄到手的資訊就是「還沒登廣告的土地」。假設你真的很幸運，能夠找到「繼承的期限快要到期」、「地主被送去老人之家，空屋沒人管，賤價求售」這種稀有案件，那就有可能用不動產業者之間才有的超低價格買到手。這過程非常悶，但絕對是王道中的王道。不過，由於對方通常也是急著脫手才拿來賣，大多不能接受需要花時間等審核的房貸，只接受馬上可以拿到手的現金交易，這點必須注意。

譯註１：此為日本法定耐用年數。

將60幸福宅用於出租

等你的60幸福宅蓋好了，萬一哪天有狀況不能再住，將這棟房子投入出租市場，能值多少錢？

倘若你的房子很大一間，租金自然不可能太低；更不用說是靠銀行貸款蓋的房子，租金自然不可能低於每個月要償還銀行的金額。房子體積要是小一點，房租打從一開始就能設定低一些，視狀況或許還會和專門租給單身漢的套房差不了多少。

假設今天用1千萬日幣左右的預算蓋了棟小巧精緻的房子，申請20年房貸，每月償還金額大概是4萬5千日幣左右。這數字大概是生活保護（譯註1）單月的住宅補助上限（以神奈川縣橫濱市來講，50歲世代單身的住宅補助金額為5萬2千日幣）再稍微低一點的數字。要是將60幸福宅當作一般出租套房這樣租出去，應該也不至於太難找房客，租出去也算是每個月可以多少賺點零用錢。

想想看，哪天要是去海外來個long stay時，假設手上有這麼一間自用出租兩相宜的60幸福宅，那就不至於會為了徒留空巢傷腦筋了吧。

譯註1：日本政府提供給低收入戶以維持法定最低生活水準的補助金。

第7章

品嘗人生的醍醐味

HOUSE

請一個月的長假吧

說起來，我一直很嚮往歐美人那種悠閒自在的放假方式，這也是我為什麼會投身於這種近乎自由業般職場的主要原因。就說法國好了，根據他們80年以前制定的休假法規，他們至少每年都有兩周的特休可以放；時至今日，法國人最多放到五個禮拜的特休。

去年我在航空公司的登錄里程數總算累積足夠，便趁機到印尼的峇里島玩了一個月。我一直搞不懂，日本人勤勉工作有口皆碑，那為什麼偏偏日本人的休假卻特別少？為什麼放個假還得先看老闆、上司的臉色？難得讓我逮到個機會，能體驗與日本不同的異國風情——這也是亞洲度假勝地的魅力，於是我就調整好了自己的行程，來上一段經濟實惠又悠然自得的長假之旅。

我第一次前往峇里島是12年前的事，那時候碰巧遇上兩三位客戶同時推薦我去這地方；根據我個人的原則，只要有兩個人推薦我做同一件事情，我就會將它付諸實踐。

峇里島聚集了來自全世界各地的觀光客，也因此使得當地充滿了各種風格獨特的旅館及酒店。到這裡玩的其中一種樂趣，就是一邊四處遊玩一邊期待下一間飯店會帶給自己什麼樣的驚喜；我在每間飯店頂多住個兩三天，費用大概一個晚上從2千日幣以上到3萬日幣區間。

就如同投變化球有緩有急，我的預算設定也非常隨興。

有些旅館主打身心療癒路線，每天早上你會在房間門口的籃子裡看到旅館自製的報紙，上頭還寫著今天有哪些當日限定的特殊節目。從養生果汁（但是很難喝）製作課程、插花、刀削竹製書籤等，課程內容五花八門，其中又以瑜珈課程的花樣最多，有時候要你用頭頂著大大的竹籃還得保持平衡，有時候要你搖動像鞦韆一樣的東西；另外每天還提供按摩服務，這也很令人期待。

到了夜晚，在泳池裡放上充氣床，躺在床上用 iPod 聽著據說是 NASA 開發的特殊音樂，放鬆自己仰望星空。清晨趁著海邊沒人的時候，享受一個人面向朝陽的慢跑時間；從早到晚享盡這各式各樣的樂趣，一天算下來連吃帶住也不過才1萬日幣左右。

如果喜歡在度假旅館慢慢放鬆當然也好，不過一天只要7百日幣就可以租輛機車騎到最近的城鎮，也別有一番樂趣。後座載著我太太，兩個人一輛機車就這樣踏上小小的冒險旅途；嘗嘗菜單只有一道烤全豬的當地餐廳、站遠遠地偷窺此地最熱門的鬥雞賭博，多少可以一窺此地居民的生活樣貌。

說起來，在飯店前的濱海餐廳吃飯的時候，不知道為什麼周圍都只看到男人到處晃；剛開始還覺得不可思議，直到後來我才搞懂這地方原來是世界知名的同性戀海灘。旅行中的各種體驗真是能豐富自己的人生啊。

寫下夢想就能實現

你用的是什麼樣的筆記本？

在過去，大家很流行用那種頁邊上開洞穿鐵環的活頁萬用手冊；你可以在裡頭別上名片本，也可以夾上一台計算機。可是東掛西夾的最後搞到一本萬用手冊有3～5公分厚，每次去開會的時候，人家一看到我這本萬用手冊一攤開裡頭什麼都有，刷～地擺了滿滿一整張會議桌到處都是我的東西，就會產生「哇！這人一定很能幹」的感覺。

話雖如此，當然我也不只一次想要好好活用手上這本萬用手冊，可惜我生性就是喜歡隨時隨地寫點什麼記點什麼，萬用手冊那種天生的厚重感實在讓我很難適應。

因為這樣，我每年都買那種市面上到處都能買到的薄薄的小筆記本。對開的左邊那一頁有一周的記事欄，右邊那一頁則是空白的「當周筆記」；每天的行程都可以用時間軸管理，非常清楚。行程的詳細內容可以寫在右邊的空白頁，在電車上要是想到什麼，還可以把空白頁用來畫草圖，非常方便。又因為左右兩頁合起來剛好是一周，每次翻頁就像是帶給自己一個新氣象，感覺也挺不錯的。

每到年底，當買了新的筆記本，我都會動手加以改造一下；比如說在裡頭用只有自己看得懂的符號寫上各種帳號、密碼，驗車、建築師的定期演講行程、護照更新之類的一覽表就直接列印出來貼在裡頭。

在這些筆記、預定行程當中最重要的是「未來行程表」；這裡面應該寫的是依照時間順序記載「將來自己想要變成什麼樣的人」。最左邊寫著年齡、中間寫著工作目標、右邊寫的是私人的目標等等；然後最下面的欄位寫的是「今年的成果」，並且寫上這一年當中自認為有達到的那些目標跟工作內容。

寫這個未來行程表的訣竅是將「稍微努力一下就有可能達成的目標」和「如夢想般的目標」一併寫下來。夢想聽起來雖然很難達成，但這不重要，還是把它寫上去就對了；因為有夢最美希望相隨啊，你說對吧。

要是這年度當中沒辦法達成，挪到明年也無妨。將每年的目標一年一年的寫下去，直到自己覺得差不多不用寫了為止，這也算是一種心態上的調整。和最近流行的「多桑的代辦事項」比起來，這比較像是「老頭的革命歷程」。

當列表上的目標一件一件慢慢完成，你的自信心會隨之提升，不可思議的是，原本自己認為難以達成的那些事情，現在看起來好像也不是那麼不可能了。「其實我還是很行嘛」、「我一定有什麼還沒發掘的天分」，想到這裡，你是不是也開始覺得自己的想法變得積極些了？

接下來，別忘了在「未來行程表」的前一頁，再加上一頁「過去軌跡表」。最左邊寫上年齡、中間寫上工作、右邊寫上私人生活的各種大事。將別人給你的正面評價、搞定了什麼大案子、家人值得紀念的榮耀時刻等，按照年齡、時間發生的順序排列。當你再次想起這每一刻，不光是慰勞自己過去的辛勞，同時也可以給自己更多勇氣；回首過往點點滴滴，這一切經驗都是讓自己繼續走下去的動力。

每當打開筆記本，一看到「未來行程表」和「過去軌跡表」，自然而然地就會找到人生的下一個目標。

對欲望的庫存整理

人類是欲望的集合體，欲望無盡，卻又不可能每個人都採取「千日回峰行」那樣的手段來克制自己，對物質的欲望、執著說起來還是難以割捨。換句話說，如果能把想要的東西弄到手，那當然是人生一大快事，但一個人能夠一輩子就只想要這一件東西嗎？以現代社會來看，這也似乎不太可能。

人類的喜好、欲望，隨著心靈成長而有變化；不用的東西就會盡量捨去，想要的東西則會盡量收集。要是心靈昇華到下一個層次，就會將自己不需要的東西轉讓給下一個更有需要的人；相同地，如果從他人手上得到了自己想要的東西，不光是自己快樂，同時也會更加重視、珍惜這件物事。

要想來個欲望的正常能量釋放，最好的工具就是網路拍賣，你偶爾可以在這平台上邂逅特殊的人或緣分。

22歲時因為欲望如潮水來得又快又猛，我忍不住買了輛新車；那是輛義大利製的偉士牌速克達，就像電影《羅馬假期》裡頭葛雷哥萊・畢克騎的那輛一樣。這輛最特別的就是他的義大利血統，外裝塗色因為是手工上漆，顏色不太均勻；當時號稱最新型的數位面板，每到夏天就會一片黑啥都看不到。腳架焊接的地方會斷、油會漏，無奇不有的狀況我都遇過了，不過這輛偉士牌油門煞車等基本性能都沒問題，所以也就這樣騎了20年左右。

直到我開始覺得這輛車不太適合用來工作了，這才想到要拿去網拍賣賣看；沒想到一掛上去竟然賣了個高價。當買家弄了輛卡車來載走偉士牌的時候，我從這買主打聽到了一些有趣的消息。他是專門收集偉士牌的收藏家，據說我買的這輛車型以當時來講是非常冷門的車種，因此當時在日本的數量非常稀少。而他萬里尋芳找遍了全國，最後找到的就是我的愛車。他也從我這裡得知當時買車的經過、車況，最終是連車帶歷史一起讓他買回家。對我的偉士牌來說，讓她跟更需要她的人在一起，也算是一種幸福吧。透過這麼一樁因緣際會，也算是美事一件。

秘密基地

我唸小學時大概是昭和40～50年代（譯註1）之間，當時正值日本的高度經濟成長的高峰期。昭和47年，當時的總理大臣田中角榮先生提倡「日本列島改造論」，具體來說是以高速公路、新幹線、本州四國聯絡橋等高速交通網連接整個日本；他的主要目的是打算一口氣促進地方工業化發展，並解決人口密度過高及過低的問題，為此田中先生努力奔走遊說各方人士。

大概也是因為這點，在全國各地的住宅區附近經常可以看到用來放置建築用材料的空地，工廠附近也常看到一整片產業廢棄物堆成的山。直徑2公尺、用途不明的大石頭層層排列，又或者是堆著水泥灌漿用的木板（建築業界所謂的 concrete pane，譯註2），這些木板從各地伐木場運來，裁切成四方形以備使用。

對小孩子來說，這不管是石頭還是木頭，在他們眼裡看起來都像是遊樂場。人家拿來蓋房子的那些保麗龍一片就有一張榻榻米大小，我曾偷偷拿那些保麗龍浮在水面上，當木筏順流而下取樂。不過最好玩的還是建造自己的「秘密基地」，如果是在安放材料的空地，那我們就會在巨大石塊之間架上波浪狀的馬口鐵板當作屋頂；如果是在斜坡林地，那就在樹與樹之間用板模當牆壁；如果是在濕地，常可看到高達兩米多的蘆葦長得漫山遍野。不光是我們，其他小孩子們也很喜歡玩這些把戲。

到了小學五年級左右，我們的野心也大了起來，想要更有規模的秘密基地，於是便拿起鏟子自己動手挖起後山的田地。但小學生能力畢竟有限，再怎麼挖也只能挖出個淺淺的溝，於是便呼朋引伴，大家作伙來個大規模挖掘作業。

那時候我想到的主意是用板模做個長1．8米、寬0．9米、高0．9米的長方形箱子，挖個夠大的洞把這箱子埋進去，上頭蓋上蓋子，裡面就成了我的秘密基地。可惜挖著挖著碰到了大石頭，最後箱子埋進去還露了個1／4在外頭，成了個不三不四的半地下室；趁著大家興頭還旺著的時候我跟朋友們四個人一起鑽進去排成一排，兩手抱著膝蓋坐在裡面，感覺還真有點像那麼回事，心裡多少有點成就感。

現在我是個大人了，要蓋秘密基地，可要蓋個像樣點的地下秘密基地才說得過去。我打算濫用（？）我身為建築師的立場，借台中古的怪手跑去深山裡頭開挖；要是有哪位狂人打算蓋個半地下式的小書房兼秘密基地──要是有人想蓋這麼個迷你建築的話──那我非常樂意幫忙。

譯註1：：西元1965〜1975年。
譯註2：即為板模。

賀年卡

我有個獨生女，她出生那年，我們一家三口拍照當作賀年卡寄給親友；當時拍的照片就像現在大家說的「小臉拍照法」那樣，是帶點逗趣感的照片。

從那之後，每年我們三人就像是固定節慶似的持續做這件事。為了每年年初都能告訴大家「我們一家就像這樣，爸媽都很健康」，我們決定拍這些看了就會忍不住笑出來的照片。有一年我們跟鴕鳥合影、有一年是我太太發出大吼、也有坐在小火車裡的照片，還有一年是讓我女兒坐在老爺車的車頂拍的。

至於搞怪作品「暖桌系列」則是在小女上小學那年開始的。剛好那年也是我們自己的家落成的時候；我用低廉價格買下了這塊建築公司都要投降的狹小土地，絞盡腦汁設計出來的這棟建築，從外型看來就像是把長方形橡皮擦直立起來。土地面積雖小，但我刻意把屋頂設計成了個陽台；在陽台上可以放個炭爐烤秋刀魚、烤肉什麼的，別有一番趣味。到了夏天，雖然因為陽光一下子就把塑膠泳池裡頭的水煮得開了鍋，但我們可也在這陽台上看了五次煙火大會。冬天，大家包在睡袋裡頭仰望夜空，三個人躺成一個川字，還有一年趁著流星雨我們一口氣數了72個流星。

我們在屋頂陽台上試著營造出新年起居室的氛圍，當作賀年卡的封面。鋪上地毯、擺好電視、暖爐，還掛上元旦的日曆，暖桌上散亂地擺著報紙跟賀年卡、年糕跟飲料，完全就是一派過年期間的慵懶氣息。當然，我們三個都是穿著睡衣入鏡的。

某年，我們聽說趁年底淡季三人同行只要10萬日元就能去塞班島玩，那年我們就跑去塞班島取景了。帶著暖桌、備著要放在桌上的小東西上路，千里迢迢地將這些東西鋪在塞班島的白砂上開始攝影。

第二年，我們又帶著暖桌來到塞班的海邊，那年是蛇年，我刻意圍上頭巾，打扮成弄蛇人的樣子。

年復一年，我們就這樣在海邊、在都市各處取景拍攝賀年卡的封面照片；當中印象最深刻的，是大清早跑去柴又車站拍照的時候。我們在「瘋癲阿寅」的銅像前擺上暖桌、電暖爐、年糕之後開始拍照，但是那實在……不知道該說是丟人現眼還是該說沒臉回家見人。結果那年的賀年卡標題就叫做「取景真命苦」（譯註1）。當然，之所以挑這地方的理由自然是因為虎年（譯註2）。最後，一直到女兒20歲那年為止，我們年年都持續拍攝這個「暖桌系列」賀年卡封面照。

譯註1：瘋癲阿寅是電影《男人真命苦》的主角。
譯註2：日語虎音同寅。

別拉啊

活了半個世紀，我終於自認可以客觀地觀察自己。雖然不知道為何，但我總能預測自己下一步會如何行動。當自己每次都在同樣的狀況下採取同樣的行動，那麼就能從自己的行為當中吸取經驗、學習模仿；這是20多歲時，自己所無法理解也學不來的道理。不過，從祖先代代流傳下來的DNA，就跟自己的意志以及客觀性什麼的無關，打從一開始就已經支配了我們的一切行動。

在我的老家，暖桌蓋著的棉被上用油性筆寫著「不要拉扯」，在這字樣旁邊又畫著長長的線，帶著箭頭指著幾個角；意思是如果你拉扯棉被，要再拉回這個位置。

我媽怕冷，每次她覺得冷就會把暖桌的棉被往自己那邊拉，想把縫隙堵住不讓冷風灌進暖桌。這時候，因為那邊一拉，這邊棉被就會跟著一縮，坐在另一頭的父親就得吹冷風了。父親因為受不了頻繁的冷風侵襲，才寫了這麼幾個字上去。

我父親坐的位子右邊有個自製的木質置物架，裡頭放著筆和老花眼鏡之類的小東西。置物架中間有個小筆記本大小的空格，在筆記本膠裝的那一邊寫著「要直立」；如果把筆記本橫放，那麼其他的東西就放不進去，看起來不夠清爽俐落，心裡頭也會覺得有個疙瘩。這已經可以算是給自己的座右銘了。

說起來，我也從沒搞懂為什麼一定要用油性筆直接把規矩寫上去。但是我父親只要買了什麼東西，一定會用油性筆寫上購買日期、從哪個店家買的、多少錢這些細節。不管是手錶還是錢包，他通通會寫上去；我太太曾經開玩笑說「該不會連衣服上都寫了吧」，接著父親就捲起袖子說「你看」，還真的寫在袖子裡面。

之所以會這麼做，是父親還在工作時，職場規定必須要將公家配給的道具及用品通通標註這些細節所導致；等他退休之後，這就變成了一種習慣。我推測，這小小的習慣最終就進化成了要直接將文字寫在東西上頭這種行為。

再說一件怪事，父親的寢室裡頭擺有三個時鐘。問他為什麼要擺三個時鐘，他說一個是LED的數位時鐘，半夜看時間方便；一個是液晶的，看日期和溫度方便；還有一個是傳統指針的，拿來當鬧鐘用。那，為什麼要問他這個呢？

其實，這是因為我的房間也擺著三個鬧鐘、三種用途，正所謂有其父必有其子。

我老想著要對女兒這麼說：「在妳想要結婚之前，不，在妳們還在交往的時候，啊不對，在妳們剛成了朋友—不管怎樣妳要早點和對方的雙親多見幾次面……」，另一方面我同時也不停擔心自己離什麼東西都要直接用油性筆寫字上去的日子不遠了。

杯中水

位於富士山山腳的富士吉田市，有種在硬麵上盛著高麗菜與馬肉的食物叫做「吉田烏龍麵」，是當地的特產。據說起源於纖維產業發達時，女性為主要勞動力，而男性則負擔炊事工作，煮烏龍麵當午餐，久而久之就成了特產。一碗大概是4百日元，非常佛心；醬汁嘗起來像是醬油與味增混合的味道，如果再加上七味辣椒粉等等調味，能製造出更有層次的味覺感受。撇開這料理本身的味道不談，這附近的每間店也各有看頭；有的店是看起來完全不像店家的獨棟住宅，在屋內起居室就做起生意。有的是在田中蓋了個臨時小屋開的店，也有的是走進店裡只覺得很吵，一看隔壁房間居然有台大型紡織機正在運轉。不光是味覺讓人驚訝，連店面本身都能讓人驚訝連連，令我心醉。

從那時起，我就經常騎著125CC的機車從自家騎上單程70公里的路途，跑去吉田市探險。一天大概最少要跑個三間店，這些店家每天營業時間大概是早上11點到下午2點左右就收攤，很難掌握。有時碰到大雪紛飛、溫度只有零下2度的日子，就算騎到轉角翻了車我也還是照跑不誤；等我大概繞了40間店左右，終於讓我找著了心目中的理想店家，於是每個月少說也要吃上兩回才過癮，就這樣吃了四年。

吃了四年，快到第五年的那個當口，我對這烏龍麵的欲望突然沒了；藝人關根勉喜歡吃炸雞，每天一定要吃三塊炸雞才肯罷休，就這樣吃了一整年。之後他也是突然就不再碰這項食物。又過了一年，據說當他抱著懷念的心情想再吃一次炸雞，卻仍舊提不起食欲。

我想這就是所謂的「杯中無水」現象。人的心裡都有個「裝滿好奇心的水杯」，當你的好奇心漸漸獲得滿足，這杯中的水位就會不斷下降；當水杯空了，不論你是否已經得到充分的成就感，你都會感到空虛厭倦、轉頭去尋找下一個裝滿好奇心的杯子，之後才能暫時滿足心靈的空虛。

有些學生時代沉默寡言的朋友在同學會上高談闊論，也有些人剛好相反。有些肉食主義者突然開始對魚展開滔滔大論，開口閉口都以魚為中心；這杯中的水究竟為何變少，我們難以明確界定。只能在不斷嘗試錯誤當中，慢慢找到那個裝滿的水杯。年輕的時候大家心中這個杯子像是放在名為熱情的水龍頭底下，水始終不見變少；但那也並非永恆不變，最後終有一天杯底會開了一個小孔，水也總會流失。當杯中的水全部流光，那也差不多就是該迎接天命的時候了。

燃燒全部的人生

橡皮擦、香精油、髮蠟、旅行用的牙膏、備用的賀年明信片、外幣——這些都是我用得剩一點點卻沒用完，或是多出來的東西。這些東西對我今後的生活沒有什麼影響力，都是枝微末節的小事，但總讓人覺得有些不愉快。不光是剩下些什麼會讓人不舒服，將東西看得過分重要而不敢用它也不是好事。好不容易存了幾個月的薪水買來送給老婆、做為銀婚紀念的寶石，一想到要戴著出門又會忍不住顧慮東顧慮西；老婆也說這東西平常難得派上用場，真的要比，那還不如婚喪喜慶時常戴的珍珠項鍊來得便宜又實用。

以前帶爸媽到台灣旅行的時候發生過這種事，一大早我們到了機場，坐在長凳上休息的時候發現附近都是泥巴；母親說「換個位子吧」，就找了另一個位子坐下。不過這時候我發現我們走過的地方留有鞋印形狀的泥塊，不知道是不是搭車時踩進了泥堆，這才帶著泥巴到處跑。接著到了出境大廳，不經意地回頭一望，奇怪這泥巴印子還跟著我們。於是我就仔細看了看大家的鞋底，發現是母親的鞋跟樹脂似乎劣化了，一點一點地留下碎屑，看起來就像泥巴似的到處撒。母親說，這雙鞋子還是為了特殊的日子留著，過了這麼幾年才穿它一次的。

到了台灣，我們去了一趟祭祀戰爭英靈的忠烈祠，在那座宏偉大門的兩側，衛兵站得像是人偶般一動也不動，就連眼睛也不見他們眨一下。衛兵們每小時舉行一次交接儀式，看他們一絲不苟地完成整齊劃一的動作，真是令人讚嘆，這也是這個觀光景點的一項看頭。母親為了多看幾眼那些帥氣的衛兵，忍不住小跑步湊上前去；就在她邁出步子那瞬間，她的鞋跟終於整個碎裂，鞋子變得跟室內拖鞋似的（啊！不過我注意到那瞬間，衛兵忍不住看了我母親一眼）。幸好，當地導遊介紹我們去鞋店買了雙新鞋，這才沒影響到大家的遊興；不過這種旅行途中的特殊狀況總會變成最深刻的印象，至今我想到這件事情還是會忍不住大笑出聲。

從那之後，我就算是對忍著不敢輕易穿出門的鞋子也會乖乖拿出來輪流穿；東西如果不拿出來用，那就沒有存在意義，當然，東西本身也有其壽命存在。每項東西我都想要像是使用牙刷一般用到壽命到了才脫手，這也算是對這些物事的一種尊重與禮貌。

同樣的，人類也有壽命。最理想的狀況是對照於自己的壽命，將人生最大的利用價值發揮出來。已經過世的河島英五先生曾經唱過「活著就好」，本來光是能活著就應該感到非常幸福的，但相較於我現在的心境，光是活著似乎並不足夠。

每天像是被什麼追著跑似的，踏出家門、衝上電車，隨時隨地只想著找什麼時機抄到眼前那個行人前面去——這種想法應該很常見吧。活在日本這個國家其實是很花錢的，年金、健保、地方稅、固定財產稅、NHK 收視費用等等，要活下去，就得拚命賺錢。在所得與閒暇有限的情形下，想要讓自己的心靈更加充實，實在是一件困難的事情。

說了這麼多，人生的中期其實大家都差不多是忙碌的，不過在這段時間當中若有所積蓄、子女都成人獨立之後，人生的後半段就能活得比較自由些；能不能一邊吹口哨一邊踏著輕鬆的步子踏上人生的後半段旅途，就完全看自己的造化了。

斜著跑

因修復法隆寺而著名的已故木工大師西岡常一先生曾言：「毛病這種東西不見得全是壞事，要是碰對了地方，毛病也會帶有正面意義。人也是一樣，越是毛病多的傢伙活得越久；正如同沒有毛病、筆直生長的樹比較脆弱，耐久年數也較短，是同一個道理。」

25年前，我還在某間建築設計事務所底下工作的時候，公司有個新人叫T君，他的興趣是看賽馬。每到周末，他就會帶著登有賽馬新聞的報紙到公司，休息時間就在猜比賽結果。當時全國正熱衷於賽馬風潮，觀眾們從地方賽馬轉到中央賽馬的Oguri Cap（譯註1）奮鬥的樣子，那就像是一個老師傅從小學徒開始幹起、每天苦幹實幹一路拚到出頭天，令全國努力打拚的男人們不禁從牠身上看到自己的影子。也因此，賽馬的風潮更加白熱化。

事務所裡的同事們受T君影響，開始買起馬票；起初都只是投個幾百塊日幣下去，反正光是猜中就很高興了。後來大家開始參考過去比賽的實績、分析體重和身體狀態，比賽開始前還會跟同好們談上一口看似深奧的賽馬經。有時猜明牌、有時買自己最看好的馬、有時故意押寶在最近不太受歡迎的馬身上，意志堅定地賭牠這次會翻身。就這樣，連專門術語及比賽規則大家也都記住了。

我也曾和朋友去過幾次賽馬場，有一點令我覺得非常有趣，在這一點上，馬與人類其實很相似。有些馬會因為大批觀眾及歡呼聲而受驚，打開柵門的那瞬間，因為興奮而猛地衝出去；也有些馬無法發揮平常應有的實力，途中就筋疲力竭，最後吊車尾過終點。在這當中，有些馬是再怎麼教牠跑直線也教不會，死都要跑斜線的「斜跑馬」。

每次看到斜跑馬，都不禁令我想到一件事。如果在直線跑道跑歪歪斜斜的，擋到後面的馬就會被判犯規取消資格；這跟開車時所謂的「逼車」是一樣的行為。當一群馬跑在一起的時候你跑斜的就算擋路，但如果離後面的馬有兩個馬身以上的距離就不算犯規；在制定的規則範圍之內跑斜線雖然是不好的，但跑斜線這點也算是馬本身的個性，或者也可以說是一種獨一無二的特技也不一定。

這樣的話，以調教之名行去勢之實，硬是把斜跑馬本身的特性給磨掉，讓牠和其他一般的馬擠在一起拚勝負本來就是一個錯誤。與其如此還不如一開始起跑之後就猛衝拉開距離，之後隨牠愛怎麼斜跑就怎麼跑，衝過柵欄、不顧觀眾直接衝上觀眾席，對預測比賽結果的大叔眨眨眼飛奔而去還來得自在些。要比，就在自己擅長的領域與人比，那種不甘老死於馬群當中的生活方式──雖然風險也挺高的，但對牠來說這應該才是真正爽快的「馬生」選擇。

譯註1：馬名，オグリキャップ。

其實我們早已活在自己的夢想當中

年輕的時候，大家都聽人說過「做人要有夢想」，要是說當太空人或打職棒之類在這些舞台上活躍才算是「夢想」的最高級，那麼只有自己知道、只有自己才會理解、只有自己才能滿足自己的「夢想」又該算什麼呢？

講到了「夢想」這個詞，大家腦海裡會浮現的印象大概都是些什麼規模廣大或是很難實現的東西。然而，因為每個人的目標、理想、方向都不同，所以也沒有什麼「夢想」是萬人共通的。

沒錯，現實當中沒有什麼「夢想」是百分之百無懈可擊的，就如同哲學家蘇格拉底所提倡的「理型論」（譯註1）。

那也算是夢想、這也算是夢想，從早上起床之後的每件事情都是夢想，只要是自己所憧憬所嚮往的事情，就算是「夢想」。所以早上一起床之後就盡力去闖、盡力去嘗試各種錯誤，從錯誤中摸索並提高人生的水平吧；就算在人生這條路上遭遇挫折，只要還有一條命在，就能不斷挑戰、不斷前進。重複經歷小挫折也不要緊，只要累積經驗，總有一天會走得更穩更踏實；即使走得踉蹌，學歌舞伎演員踩六法步子那般高舉單腳踏、踏、踏地邁開步子，也能一臉泰然昂首闊步走下去。

待到人生過了一半，你累積了大半輩子嘗試錯誤所帶來的經驗也差不多開始發酵；看，你是不是開始覺得自己的夢想不再遙不可及？喔不，或許你早就已經身處於當年的夢想當中，能否意識到這點，對你的後半生影響甚鉅。

譯註1：一般認為理型論應為蘇格拉底的學生柏拉圖所提出。

50萬日元的車

演出家泰利伊藤是個車癡，據說他至今光是買過的車就有五十輛以上。以前曾在某雜誌的專欄看到「買車換車找50萬日元左右的中古車最好」，這點我深有同感。年輕時與其把所有心血都花在同一輛車上，不如多試試各種車型，這樣還比較容易找到與自己最合拍的車。更何況，正因為年輕，挑自己喜歡的車開起來才開心啊。

中古車行的老闆用有點說教的口氣對我說：「剛開始工作的人開這種車就夠了，我剛踏入社會的時候也開這種啦。」塞給我的是一台含各種費用共計20萬日幣、連冷氣都沒有的小型中古車，那是9年車齡的紅色鈴木Alto，引擎蓋上畫了兩條白色縱線；那兩條線看起來實在很不合我的風格，看著就覺得很不好意思。可是畢竟價格便宜，我就抱著擦擦碰碰也無所謂的心態，把車開去工地現場。現場的師傅們靠過來看了看我的車，笑著對我說：「湯山先生你的車看起來真帶勁啊」，反應出乎我的意料。

年復一年，我又換了幾次小型車，後來從客戶那接手一台小型廂型車；里程數雖然超過10萬公里，不過不愧是載貨的，這引擎還很耐用。把第二排座椅放倒的話還能湊合出讓三個人躺平的空間。

某年夏天，因為工作，我去了趟伊豆高原；在回家的路上等紅燈的時候，瞥見路邊展示的英國製紅色迷你奧斯丁，我當下就墜入情網了。白色車頂、仿蒙地卡羅越野賽的備用輪胎架，標價45萬日幣。我二話不說立馬奔回家，遊說老婆好幾天之後湊足了錢把這輛車買下。

在圓滾滾的小迷你車裡，大家擠在一起談天說地挺有話聊；可惜好景不常，買了老車總是要花錢付學費的。前擋風玻璃漏水、油表故障、排氣管鬆脫、起步熄火、下雨熄火、打個噴嚏她也熄火……。搞到後來光是修理教學書我就買了五本、後車箱還堆了整套工具及備用零件；我甚至已經習慣了在路口熄火時為了不惹毛其他開車的人，臉上強做微笑推著車子前進這種事。就連 **JAF**（道路救援）的大叔都看我看到熟了。

其實這一切都很OK，唯一美中不足的是，我並不是養這輛車養興趣的，而是拿來工作代步用的。當我總算意識到靠這輛車跑工地現場實在太不划算時，只好忍痛將她脫手。這也成了我心中的痛，當初不該光顧著看這輛車可愛就貿然出手。看中意她的外型，卻不顧車子本身是否容易出狀況而買下她，這已經是一種壞習慣、是一種職業病了。我得說我現在很懂每次吃虧卻學不乖，硬要纏著峰不二子的魯邦三世是什麼心情。

把迷你奧斯丁脫手之後，接著我又迷上了 MG・F 的敞篷車款。這次又是紅色英國製的車，買價50萬日幣，我還特地跑去大阪牽車回來。辦完手續正要開車回家，沒想到在會津若松附近引擎就冒出陣陣黑煙，當場只好讓道路救援車拖走了。照理講受了這麼些教訓我應該學乖了，過了幾年，我突然毛病發作，又對這車款心癢。這次我精挑細選，找到良好的奧斯丁迷你和MG・F，這才安心地把手放上方向盤。

帶給我諸多回憶的愛車。

種什麼瓜，得什麼果

住在公寓式集合住宅當中，容易忽略與鄰居的來往與交情；生活在現代，因為各項服務太過便利，大家不太需要依靠彼此互助合作就能生存，導致每個人重視自我的隱私，且不太願意過度深交。大家會覺得，不過就是住在附近而已，沒必要刻意跟興趣、性格都不同的人交流；經年累月下來，要想再套個交情加深關係，便越加困難了。反過來講，其實大家真正想要的是只想跟自己有興趣的人交流、跟思考與生活方式都與自己相近的人彼此溝通而已吧？

我有位客戶Y先生，他的太太每天早上一過四點就起床準備便當、開車30分鐘送小孩去搭電車；到了車站小孩又得搭兩小時的電車去東京的一間完全中學上課。問他們為何如此大費周章，答案是：「家長們對於教育的理念跟看法比較接近，這樣要處理什麼事情彼此之間也都比較不會有壓力。」聽起來也算是不無道理。

對我來說，如果兩個案子的現場之間時間很趕的時候，通常會選擇「用金錢換取時間」直衝機場節省移動時間；同樣的，小孩處於人生當中最重要的成長期，在這時候給他們自己所能提供最良好的教育環境也是天下父母心。這點與我的「用金錢換取時間」其實原理上是相同的。

年過花甲，從第一線退下來、不再每天踏入職場後，總覺得像是和社會之間的連結少了幾分關聯，卻添了幾分寂寥。在家賦閒一陣子，過幾天與每天固定作息不同、不再被排程追趕的生活，便會忍不住想要參加些社團活動之類的找點事情來做。想再發光發熱、想學點新玩意、想挑戰新的事物。另外還想盡量保持健康，所以每天得找時間運動；不過這也簡單，只要踏出家門，除了有在公共設施運動或進行各種文化活動的市民團體之外，其他像是會員制健身俱樂部之類的，這年頭選項非常多元。

想與思想和生活方式相近的人互動——說起來很簡單，細節裡卻藏著魔鬼；這項條件背後有項重點，叫做「經濟能力」。要是經濟能力差異過大，即使每天相處也很難持久下去；說到底，人的後半輩子果然還是得看自己前半生怎麼過的來決定。就像是照鏡子似的，你不會與鏡中倒影差太多；人生的後半，還是不要勉強自己、知本分認天命，自然過日子最好。

品嘗人生的醍醐味

我伯父跟我年紀相差挺遠，他的年紀大得可以當我爺爺；他退休前是某企業的董事，每次我騎著腳踏車送東西到他家去，過著隱居生活的伯父總是隔著老花眼鏡、笑瞇瞇地迎接我。聽說以前大家都叫他魔鬼士官長，但對我來說，他永遠是溫柔的伯父。

伯父博學多聞，常與我們談儒學；不光是嘴上講，他會將孔子語錄、般若心經刻在木頭上，還會自己雕佛像。他雙手非常靈巧，附近的醫師甚至會來拜他為師。說起來，在眾表兄弟之間，就屬我拿起槌子釘子耍起來特別像樣，伯父每次誇了我都讓我特別開心。

某日，伯父送我一幅墨寶，那是裱了框的一個「道」字。當時我只當這個「道」字寫得好，沒想到有言外之意；直到現在，才意識到一個「道」字背後有多深的涵義。那時候參加高中畢業旅行，在山口縣津和野的小教會買了風景明信片；我很喜歡明信片上的句子，厚著臉皮找伯父把這句寫上去。

伯父也不生氣，把框裡的那個「道」字去掉，重新動筆寫下這麼一句：

「受寒發抖的人，才知道太陽的溫暖。

嘗盡人生甘苦的人，才知道生命的可貴。——「Whitman」

要伯父用毛筆寫「Whitman」這個字，對伯父來講大概是如坐針氈吧。不過，有時我會想起這句話以及伯父。最終會得到「人生不如意事十常八九，正因深受挫折，才會懂得感恩。人生不應一味逐樂，而是不分甘苦概括承擔，能嘗得出甘苦韻味，才能活出更高境界」這條結論。

「人生應即時行樂」並沒有錯，然而，因為有苦，才會有樂。切切實實懂得苦懂得樂才是真正的人生，伯父這幅墨寶至今仍掛在我老家的客廳裡，就在那座大時鐘旁邊，享受人生。

結語

我生長在神奈川縣南足柄市，這地方有個足柄嶺，原本是古代駿河國與相模國的國境。現在雖成了自行車、田徑選手等運動員的聖地，不過過去只有碎石子地鋪成的小路，連步行通過都很吃力。

小學遠足時是我頭一次登上足柄嶺，從神奈川縣那一側滿頭大汗好不容易爬上去，登高一眺，盡收眼底的是富士山廣袤的巨大身軀。

回想起來，那次體驗應該是我的一個起點；從那之後，我開始會想「那座山、那座丘的另一邊究竟是什麼樣子？另一邊的風景會帶給我什麼感受？」同時，覺得自己似乎會藉由這種行為不斷成長似的，我開始騎著腳踏車和機車遊歷自家附近的每個小山丘。

年齡增長後，四處爬山這種行為轉化成了「嘗試新的事物」，我對於「如果我身處那種環境當中會有什麼感受？透過未知的體驗會帶給我什麼感動？」非常感興趣，進而採取行動。

幾年之後，馬上就換我成為60歲的老頭子了；在這個「60拉緊報」大叔的眼中，究竟這個世界是什麼樣子呢？大眾傳媒最近最喜歡報導的淨是下流老人和年金縮水問題這些負面、讓人提不起勁的消息。我不喜歡這樣，等我過了60歲，我要比60歲之前還要更加自由奔放，體驗、見聞、感動、觸動各種事物，我想要知道怎樣積極愉快地度過人生——抱著上述態度，讓我開始動筆寫下這本書。

60歲算是人生的一個轉捩點，在60歲之前拚命飛行的人生在此應該稍微歇一下，整理好自己的羽毛，等到身心都調整到最佳狀態，再朝新的目標振翅高飛。

這本書獻給所有迎向人生第二春的各位，若是能帶給大家一點點啟發，對我來說便是最大的鼓勵。

湯山重行

給讀者及施工單位等同業者

本書收錄的圖面、設計僅供個人用途，請自行取用。直接將本書交給施工單位按圖索驥，應該可以順利建成理想中的60幸福宅。

另外，我希望能幫助各位讀者完成自己的理想空間，如果關於60幸福宅有任何需要商量的事宜歡迎來信聯絡（請使用我的網頁留言格式）。不過由於這是在我正常業務之外的服務內容，可能沒辦法馬上給您回覆。此外，本書當中所寫的各種數字，如報價金額、施工單位的進貨價格及工資、匯率等，會受各種條件影響而出現誤差，不保證一定就是這個價錢。以上兩點還請各位見諒。

若是有施工單位或同業者對「60幸福宅」有興趣、想實際參與製作的話，也歡迎來信聯絡。將60幸福宅（60 house）變成「60 network」，加強彼此之間的關聯性是我個人的理想目標。

Atelier SHIGE 網址：http://atshige.com/

國家圖書館出版品預行編目 (CIP) 資料

50 計畫，蓋一棟退休幸福宅 / 湯山重行著；張景威，劉德正譯 . -- 初版 . -- 臺北市：麥浩斯出版：家庭傳媒城邦分公司發行，2017.12
面；　公分
ISBN 978-986-408-340-4(平裝)

1. 房屋建築 2. 空間設計 3. 室內設計
441.5　　106022007

50計畫，蓋一棟退休幸福宅

作者　湯山重行
中文翻譯　張景威・劉德正
責任編輯　楊宜倩
美術設計　林宜德
版權專員　吳怡萱

發行人　何飛鵬
總經理　李淑霞
社長　林孟葦
總編輯　張麗寶
叢書主編　楊宜倩
叢書副主編　許嘉芬

出版　城邦文化事業股份有限公司 麥浩斯出版
E-mail　cs@myhomelife.com.tw
地址　104台北市中山區民生東路二段141號8樓
電話　02-2500-7578

發行　英屬蓋曼群島商家庭傳媒股份有限公司城邦分公司
地址　104台北市中山區民生東路二段141號2樓
讀者服務專線　0800-020-299（週一至週五上午09:30～12:00；下午13:30～17:00）
讀者服務傳真　02-2517-0999
讀者服務信箱　cs@cite.com.tw
劃撥帳號　1983-3516
劃撥戶名　英屬蓋曼群島商家庭傳媒股份有限公司城邦分公司

總經銷　聯合發行股份有限公司
地址　新北市新店區寶橋路235巷6弄6號2樓
電話　02-2917-8022
傳真　02-2915-6275

香港發行　城邦（香港）出版集團有限公司
地址　香港灣仔駱克道193號東超商業中心1樓
電話　852-2508-6231
傳真　852-2578-9337

新馬發行　城邦（新馬）出版集團Cite（M）Sdn. Bhd.（458372 U）
地址　41, Jalan Radin Anum, Bandar Baru Sri Petaling, 57000 Kuala Lumpur, Malaysia.
電話　603-9056-3833
傳真　603-9056-2833

製版印刷　凱林彩印有限公司　　定價　新台幣360元
2017年12月初版一刷・Printed in Taiwan